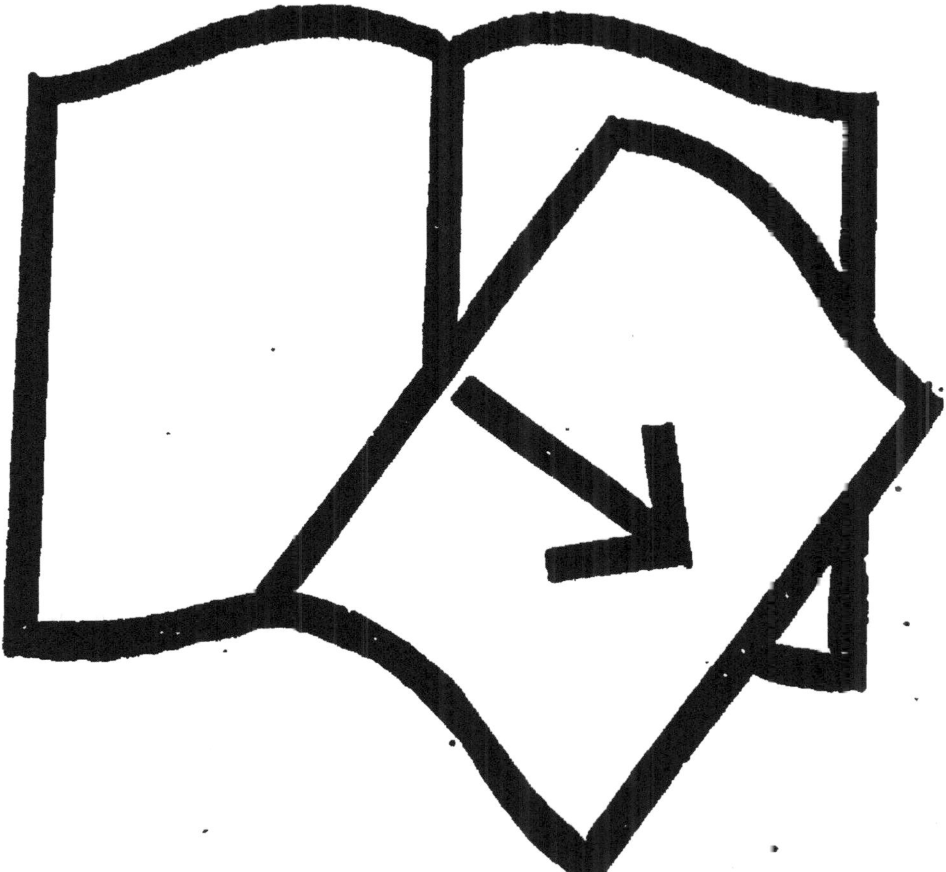

Couverture supérieure manquante

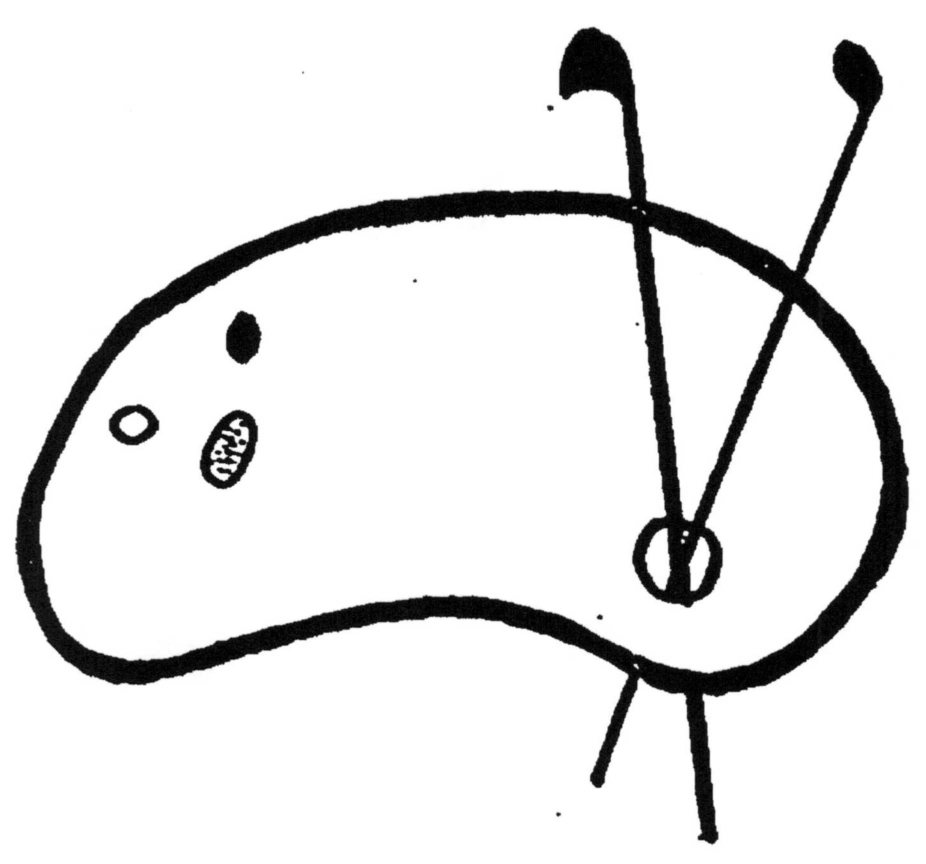

ORIGINAL EN COULEUR

NF Z 43-120-8

DAVID LIVINGSTONE

In-8° 2ᵐᵉ Série

DAVID LIVINGSTONE

LES VOYAGEURS MODERNES

DAVID LIVINGSTONE

—L'AFRIQUE CENTRALE—

PAR

A. SINVAL

Chef d'Institution à Paris
Agrégé des Universités d'Autriche et de Russie.

LIMOGES
Marc BARBOU et Cⁱᵉ, Imprimeurs-Libraires
Rue Puy-Vieille-Monnaie

1884

DAVID LIVINGSTONE

I

LE CENTRE DE L'AFRIQUE

610 ans avant Jésus-Christ, des navigateurs phéniciens entreprirent la circumnavigation des côtes de l'Afrique. On ne se doutait guère, à cette époque, de l'importance de la contrée que Vasco de Gama devait plus tard aborder, sans comprendre lui-même que ce vaste continent, alors complètement inconnu, deviendrait au XIX° siècle la grande attraction de nos plus hardis explorateurs.

La côte septentrionale était connue des anciens sous le nom de Libye, et ce n'est guère qu'au XVI° siècle que l'on commença à connaître cette vaste péninsule en Europe. Le centre, néanmoins, continua à être considéré comme une contrée mytérieuse, un désert immense, prétendait-on, inarbordable et inhabitable, que le XIX° siècle devait avoir la gloire de faire connaître au monde civilisé.

« De 1850 à 1851, Henri Barth, géographe allemand, explora l'Afrique intérieure et, le premier, fit faire d'énormes progrès à la géographie de ces contrées inconnues. — « L'expédition, dit M. Vivien de Saint-Martin, se préparait à Londres ; James Richardson en avait tracé le plan, et elle devait avoir, comme celle d'Oudney et Clapperton en 1821, ou pour mieux dire comme toutes les expéditions anglaises, un caractère à la foi commercial et scientifique. James Richardson n'était pas un homme de science ; il fallait lui adjoindre de bons observateurs. A la suggestion du chevalier Bunsen, alors ambassadeur de Prusse à Londres, ce fut à l'Allemagne que l'Angleterre les demanda. Sur les indications de la société de géographie de Berlin, on

jeta les yeux sur le docteur Overweg, naturaliste
et géologue ; celui-ci, qui était de Hambourg, déter-
mina à son tour son compatriote Henri Barth à se
joindre à l'expédition.

« La position des deux jeunes Allemands était,
à l'origine, tout à fait surbordonnée, et cependant
l'extension imprévue que l'expédition a prise, les
découvertes mémorables qui l'ont signalée, le vif
et constant intérêt qui s'y est attaché, son reten-
tissement en Europe, et l'éclat qui l'a couronnée,
tout cela est dû à l'impulsion que les deux jeunes
savants lui imprimèrent dès le début, à la direction qu'ils lui donnèrent, à l'activité surhumaine
qu'il y ont déployée, et peut-être plus encore à
la froide et persévérante énergie qui n'a pas faibli
un instant chez Barth au milieu des rudes épreu-
ves que pendant cinq ans il eut à traverser.

« Ses compagnons tombent, l'un après l'autre,
épuisés par la fatigue et minés par le climat ; il se
voit seul, et un moment presque sans ressources
au fond de ces contrées dévorantes ; il est entouré
de peuplades inconnues, dans des pays où chaque

pas est un danger, chaque regard un soupçon ou
une menace, et sans aucun moyen de communi-
quer avec l'Europe; pendant des mois entiers, sa
vie est à la merci d'un mot, d'un hasard, d'une
imprudence ou d'un caprice; n'importe, rien ne le
détourne de son but. Il observe, il étudie; et, depuis
la région du lac Tchad jusqu'à la mystérieuse Tom-
bouctou, où il a réussi à pénètrer, il recueille de
toutes parts une masse incroyable d'informations,
au milieu des dangers comme dans les moments les
plus calmes. Il a foi en Dieu et en lui-même, et
sa confiance ne sera point trompée. Seul de tous
ceux qui ont eu part à l'expédition, il a revu sa pa-
trie après cinq années de travaux, de fatigues et
de dangers inouïs, et les acclamations qui ont salué
son retour inespéré le payèrent en un jour de cinq
années de souffrances. »

Vers 1856, le capitaine Burton était allé chercher les sources du Nil et avait découvert le lac
Tanganyika. C'était un homme extraordinaire qui
avait, comme on dit, le don des langues; il en
connaissait 35 et pouvait, prétend-on traverser
l'Afrique de l'est à l'ouest sans faire soupçonner sa

nationalité ; c'est grâce à cette faculté d'assimilation qu'il put, le premier, entrer dans les villes saintes de Médine et de la Mecque et qu'il parvint seul jusqu'à Harar sur la côte orientale de l'Afrique.

A cette même époque, Speke, qui était parti avec le capitaine Burton, avait découvert le lac Nyanza qu'il prétendit être la véritable source du Nil, puis en 1860, il fit un nouveau voyage avec Grant, découvrit le lac Louta Nzigé, mais ne put étudier le lac Nyanza.

On connaissait donc bien peu du centre de l'Afrique, lorsque les expéditions successives de Livingstone, de Stanley et de Savorgnan de Brazza vinrent jeter un jour tout nouveau sur ces contrées inexplorées.

II

ÉDUCATION DE LIVINGSTONE ET PREMIERS VOYAGES

« J'ai, pendant ma vie, recherché avec le plus grand soins toutes les traditions qui se rattachaient à notre famille, et je n'ai jamais découvert que parmi nos pères il y ait eu un malhonnête homme. Si donc un jour quelqu'un d'entre vous ou l'un de vos descendants venait à faire quelque mauvaise action cela ne serait pas parce que le germe en était dans son sang, et ses torts n'appartiendraient point à la famille. Soyez honnêtes, c'est le précepte que je vous lègue. »

Je ne sache point de déclaration plus respectable

que celle-là et je manquerais à la probité qui est, je crois, le caractère distinctif de notre nature française, si je ne reconnaissais de prime abord que non seulement l'assertion contenue dans ces simples paroles est vraie de tous points, mais aussi que David Livingstone a continué dignement les traditions de sa famille et en a même été le couronnement.

Il y a dans les livres que j'ai parcourus sur ce voyageur intrépide une petite gravure, mal dessinée, si vous voulez, mais qui me donne une idée fort juste de cet homme simple qui a accompli les travaux les plus gigantesques de son siècle avec une sincérité digne des temps antiques. Cette image représente Livingstone porté sur les épaules des indigènes à travers des marais qui sont de véritables étangs. Livingstone à l'air d'un brave ouvrier de nos villes, la figure hâlée, la moustache inculte, et quand on songe à tout ce que cet homme doit souffrir dans cet affreux désert liquide, sans vivres, sans armes, à la merci de quelques serviteurs dévoués, on se prend d'enthousiasme pour cette physionomie de travailleur, de mineur à ciel ouvert, et l'on aime cet homme qui concentre en lui seul tout ce que l'humanité a de courage, de force, d'énergie et de science pour faire faire à la foule de ses semblables un pas de plus dans l'inconnu.

David Livingstone est né à Blantyre (Écosse) en 1813. Il est le fils d'un négociant en thé. Il fait remarquer dans ses mémoires que sa famille avait été convertie au protestantisme bien des années auparavant. Je ne relaterais pas ici cette particularité si je n'y trouvais une sorte de caractéristique du tempérament de Livingstone, évangéliste des plus sincères avec une pointe de scepticisme. « Ma famille, dit-il, avait été convertie au protestantisme par le laird qui était venu une fois avec un homme armé d'un bâton jaune. Je suppose que ce bâton jaune avait eu beaucoup plus d'influence sur les imaginations que les paroles du prédicant, puisque la nouvelle religion fut longtemps connue sous le titre de religion du bâton jaune. »

Personne mieux que lui ne sut distinguer les fautes des prêtres ; il n'apporte jamais aucun parti pris dans sa manière de juger les choses ; il pensait toujours sans doute à la religion du bâton jaune.

Mais je m'aperçois que j'ai à peine écrit quelques lignes sur Livingstone et que j'en ai déjà presque fait l'apologie. C'est que je ne puis parler froidement de ces intelligences supérieures qui font ce que j'aurais voulu faire (pardonnez-moi, lecteurs, mais je n'ai jamais su dire que ce que je pensais, bien ou mal), c'est-à-dire marcher de l'avant sans souci de l'avenir ni du qu'en dira-t-on, sans même se préoccuper du bien de l'humanité, si j'ose ainsi dire, obéissant quand même à une sorte de loi immuable, qui pousse l'homme de génie vers les découvertes, inconsciemment, si vous voulez, mais fatalement, et avec une abnégation superbe qui semble faire de cet homme de génie un esclave sublime de l'idéal qu'il poursuit!

Et je n'ai pas tout dit, j'ai encore un éloge à faire de Livingstone et ce sera tout ; mais cette fois ce sera un éloge tout personnel et où le lecteur retrouvera le vieux maître d'école que je suis. Livingstone fut un travailleur et un piocheur ; il fut un de ces écoliers modèles que nous aimerions tant à rencontrer et dont les succès seraient pour nous la récompense de toute une vie de travail.

A dix ans, il fut placé dans une filature de coton pour apprendre le commerce. Il apprit le latin tout seul ; il lisait des livres de science en travaillant à son métier, posant, comme il le dit lui-même, le livre sur le métier de manière à lire tout en faisant sa besogne.

C'est alors que la lecture d'un livre, fort en vogue à l'époque, lui donna l'idée de se faire missionnaire. C'était la philosophie de la religion et de la vie future de Th. Dick. Ce livre détruisit dans l'esprit de Livingstone les doutes auxquels sont toujours en proie les croyants sincères qui sont en même temps passionnés pour la science. Ces deux choses sont-elles incompatibles ? Le livre de Dick lui prouva, au contraire, qu'elles se corroborent pourvu que l'on ne comprenne pas la religion d'une façon étroite et qu'on ne veuille pas soumettre la science à des traditions nées de peuples ignorants.

Il comprit que les merveilles de la science expliquent Dieu au lieu de servir à la négation, et que Newton, après avoir découvert le mécanisme admirable de la gravitation universelle, avait raison de ne jamais prononcer le nom de la Divinité sans se découvrir.

C'est dans ces dispositions qu'il résolut de vouer son existence au soulagement des misères humaines, de se faire pionnier de la foi. Il se rendit au Cap et y étudia la colonie dont-il consigna toutes les mœurs dans ses relations dont nous faisons ici un court résumé.

Nous voici avec Livingstone, au Cap, avec l'intention de faire une expédition à l'intérieur. Il rencontre d'abord nos compatriotes du Transvaal, les boërs, dont il vante l'intelligence, la sobriété et l'hospitalité; il constate cette curieuse particularité que les endroits parcourus ont tous des noms qui indiquent l'existence antérieure d'espèces d'animaux disparus depuis; ensuite il se rend dans la vallée du Mabotsa dans le but de convertir les indigènes au protestantisme; il ne réussit guère qu'à délivrer la vallée des lions qui l'infestaient.

C'est alors qu'il s'établit sur le Colobeng ; il était devenu habile à forger le fer et à bâtir des maisons, un canal fut creusé, une maison d'école élevée, un établissement de missionnaires installé confortablement au centre de l'Afrique avec l'aide de sa femme, la fille d'un autre missionnaire, le révérend Meffat, laquelle faisait des vêtements, le savon et la chandelle.

Il plut pendant la seconde et troisième année, et la quatrième année ne fut pas plus favorable. Ici je signalerai encore un trait d'ironie qui me plaît beaucoup dans le caractère de Livingstone : « Comme les indigènes supposaient, dit-il, qu'il devait y avoir une relation quelconque entre l'annonce de la parole divine dans leurs villages et ces années désastreuses, ils regardaient la cloche de l'église d'un assez mauvais œil ; mais le respect et la bienveillance qu'ils nous témoignaient ne se démentirent pas un instant ; je n'ai jamais eu, du moins que je sache, un seul ennemi dans la tribu, l'unique reproche qu'on m'y ait adressé sortit de la bouche d'un homme, influent et plein de sens qui était l'oncle de Séchéli. « Nous vous aimons autant que si vous étiez l'un des nôtres, me dit-il. — Vous êtes le seul homme blanc avec lequel nous puissions devenir familiers; mais nous voudrions vous voir abandonner ces prédications et ces prières continuelles; nous ne pouvons pas nous habituer à cela; vous le voyez vous-même; il nous est impossible d'obtenir de la pluie, tandis que les tribus qui ne prient jamais en ont abondamment. Le fait était vrai; nous voyions souvent pleuvoir sur des collines situées à quinze kilomètres de Colobeng, et nous n'avions pas une goutte d'eau. Je crains, s'il en était innocent, d'avoir plus d'une fois maudit le prince qui dirige l'atmosphère. »

Que dites-vous de cette dernière phrase et aussi de ces braves sauvages si logiques en leur naïve superstition?

Cependant il ne faudrait pas en induire de là que les relations avec les indigènes soient toujours sans danger. Il faut prendre des précautions, et surtout se défendre d'une sorte de témérité habituelle aux Européens et dont ils ont eu souvent à se repentir, témoin cette terrible anecdote racontée par Burton à qui j'emprunte le récit détaillé d'une perte irréparable due surtout à l'audace irréfléchie d'un de nos compatriotes.

« Vers la fin de 1843, dit-il, M. Maizan, élève de l'école polytechnique et alors enseigne de vaisseau conçut le projet d'explorer les grands lacs du continent africain, projet qui reçut en 1844, l'approbation du gouvernement français. Arrivé à Bourbon, le jeune enseigne se rendit à Zanzibar avec M. Broquand, accrédité auprès de sa hautesse en qualité de consul. Malgré son âge, l'audacieux voyageur avait toute la science nécessaire pour rendre ses recherches fructueuses, et se trouvait muni de tout ce qui pouvait faciliter son entreprise. Toutefois son matériel, par sa richesse même, était de nature à éveiller la cupidité des sauvages, ainsi que le prouva l'assassin en portant à son cou la pomme dorée qui couronnait la tente de sa victime, et en faisant une tabatière de la boîte en or d'un chronomètre dont il avait retiré le mouvement.

« Le voyageur avait certe' commis une imprudence en augmentant ses bagages d'un service de table complet, et de superfluités du même genre; mais il avait eu raison de se pourvoir de tous les éléments du confort. Quand il s'agit de parcourir un pays où l'on ne trouve aucun des objets les plus indispensables, quiconque a l'expérience des voyages emportera tout ce qui peut lui être utile, quitte à s'en séparer plus tard, et à se réduire, s'il le faut, à la besace du pélerin. Il est toujours facile de se débarrasser du superflu, et le meilleur moyen de se préparer à la dure, est de jouir de toutes ses aises, tant que la chose est possible.

« M. Maizan arrivait à Zanzibar à une époque fâcheuse; on y parlait des projets ambitieux de la France, toujours soupçonnée de vouloir s'établir dans les divers ports de la côte, et les Banians tremblaient pour leur commerce. Voyant dans l'entreprise du jeune enseigne les préliminaires de l'expédition qu'ils redoutaient, ils usèrent probablement de leur influence sur leur frères de l'Ouzaramo, et obtinrent qu'on les débarrassât du voyageur.

« Toujours est-il que voulant apprendre le Kirahouahili, M. Maizan avait passé huit mois à Zanzibar lorsqu'entra dans le port un vaisseau français qui lui fit quitter la ville en toute hâte, dans la crainte d'un rappel. M. Broquant l'avait prévenu de se méfier d'un fripon qui avait toute sa confiance; le colonel Hamerton l'avait averti du danger que lui faisaient courir l'éclat de ses intruments et le nombre de ses caisses, que l'on supposait pleines de dollars; non seulement il n'écouta pas ces conseils, mais il se rendit trois fois à la côte avant son embarquement définitif, et donna de la sorte à ses ennemis le temps de mûrir leurs projets.

« Il s'abaissa aux yeux des Arabes, en prenant pour *frère*, suivant la coutume des nègres, un indigène de l'Ounyamouézi; et, craignant le retard que lui ferait subir l'apathie des Orientaux, il se mit en marche sans attendre l'escorte que lui avait promise le Saïd !

« C'étaient là de graves imprudences, mais une faute bien plus grave encore fut de se confier seul, et sans armes, au chef d'une tribu sauvage, ainsi que les Européens en ont la fatale habitude. Combien de fois, dans l'Inde Anglaise, n'a-t-on pas eu à déplorer des morts, qui auraient attristé une victoire, et dont la seule cause était cette insouciance du péril, ou cette fausse honte, qui empêche des hommes supérieurs de pourvoir à leur propre sûreté, dans la crainte que les médiocrités qui l'entourent ne viennent à les railler de leur prudence.

« Lorsque les pluies de 1845 eurent cessé, M. Maizan alla prendre terre à Bagamoyo, petit comptoir situé en face de Zanzibar, laissant dans ce village les quarante hommes de son escorte privée, notre voyageur partit, malgré les conseils de son frère d'adoption, avec deux ou trois hommes seulement, et un natif de Madagascar ou des Comores nommé Frédéric, pour aller voir Mazoungéra, chef des Nouakamba, sous-tribu de l'Ouzaramo, fixé à Dhégi la Mhora.

« Il fut accueilli avec une feinte cordialité, qui l'abusa complètement, et resta dans ce village sans concevoir le plus léger soupçon.

« Au bout de quelques jours, passés dans les meilleurs termes avec son faux ami, le jeune homme fut mandé par Mazoungéra; celui-ci lui reprocha les cadeaux qu'il avait faits à d'autres chefs, et, sans vouloir rien écouter, l'Africain, saisi de fureur subite, s'écria, en regardant son hôte :

— « Tu vas mourir à l'instant ! »

« Un corps de sauvages, portant deux longues perches, se précipita dans la case. Frédéric, sauvé par l'épouse du chef, criait à M. Maizan de courir à cette dernière et de la toucher afin d'être inviolable..... mais on se hâta d'éloigner la libératrice; on attacha l'infortuné, par les bras et par les jambes, à l'une des perches dont les esclaves étaient munis, on lui fixa la tête par une corde qui lui passait en travers du front, et il fut porté à cinquante mètres du village auprès d'un baobab. Mazoungéra lui trancha d'abord toutes les articulations, pendant que retentissait le chant de guerre et que le tambour battait une marche triomphale. Puis, entamant la gorge de sa victime, et trouvant son couteau émoussé, l'infâme s'arrêta pour l'aiguiser,

2

et finalement, arracher la tête du tronc avant que la décollation fût complète! »

Vous voyez donc que, quelque naïfs qu'il soient, nos sauvages savent très-bien ce qu'ils font et ne sont pas embarrassés pour trouver le fort et le faible de ceux qui viennent les visiter.

Ceci posé, et en faisant quelques réserves sur la nécessité du confort comme l'entend Burton, théorie que nous verrons formellement contredite par le célèbre Mabroucki, serviteur de Burton et de Stanley, reprenons le récit des voyages de Livingstone.

Séchélé était le chef d'une tribu de Betjouanas; il était plein d'intelligence et ressentit une vive sympathie pour Livingstone, sympathie qu'il ne démentit pas une fois. Il se convertit au christianisme, apprit à lire et à compter, et ne craignait pas d'aller contre les idées de sa tribu qui, disait-il, aurait autrefois mis à mort quiconque aurait osé faire une pareille innovation.

Rien n'est touchant comme le tableau de la vie

Africain indigène.

patriarcale que menait Livingstone et sa famille
dans ces parages. Cependant, il dut songer à remonter vers le Nord, les boërs s'opposant à ses esssais
de civilisation vers l'Est.

Au commencement de juin, accompagné de
MM. Murray et Oswel, et de sa femme, il partit pour
sa première excursion vers le centre de l'Afrique,
qui devait aboutir à une importante découverte;
celle du lac N'gami. Après avoir traversé le Co-
lohari, dont l'abondante végétation et les nombreux
habitants démentent le nom de désert qu'on lui a
donné, les explorateurs arrivèrent à l'embouchure
d'une rivière qui tombe dans le Zouga, et qu'on
appelle Tamunak'le. Douze jours après, Livingstone
atteignait l'extrémité Nord-Est du lac N'gami.

— « Le 1ᵉʳ Août 1849, nous nous dirigeâmes tous
ensemble vers la partie la plus large du lac, et pour
la première fois, cette belle nappe d'eau fut con-
templée par des Européens. Sa direction nous parut être nord-nord-est et sud-sud-ouest, ainsi que
nous pûmes le constater à l'aide de la boussole.
D'après les renseignements qui nous ont été don-

nés, la partie méridionale s'arrondit vers l'ouest, et reçoit au nord-ouest la Tiougué, cours d'eau qui vient du nord. De l'endroit où nous étions placés (sud-sud-ouest), les eaux du lac formaient notre seul horizon; il nous fut impossible d'en mesurer l'étendue; mais comme les habitants de ce district prétendaient qu'il leur fallait trois journées de marche pour en faire le tour, nous évaluâmes qu'il pouvait avoir une centaine de kilomètres de circonférence; d'autre conjectures ont fait porter ce chiffre de cent cinquante à cent soixante kilomètres; l'étendue réelle doit probablement se trouver entre les deux. »

Quant aux espérances que l'on pourrait fonder sur l'utilité de ce lac comme voie de communication, elles paraissent ne pas pouvoir se réaliser à cause de sa profondeur. Une pirogue ne peut y être manœuvrée qu'à l'aide d'une perche, même à dix ou douze kilomètres de la rive. Lorsqu'en mars ou en avril, arrivent les eaux du nord, elles trouvent les lits des rivières desséchés; le lac n'a presque pas d'eau et les rives sont encombrées de troncs d'arbres morts enfouis dans la vase, et de roseaux à travers lesquels le bétail a beaucoup de peine à se frayer un chemin. Ce n'est d'ailleurs qu'au moment de ces inondations que l'eau du lac est douce et potable ; à toute autre époque, c'est-à-dire lorsqu'elle est basse, elle est saumâtre.

Il y avait alors un chef du lac, nommé Léchoulatébé, dont le père, Morémi, avait été vaincu autrefois par Sébitouané. — « Fait prisonnier à cette époque, Léchoulatébé avait passé une partie de sa jeunesse en captivité, dit Livingstone ; mais son oncle, plein d'honneur et de générosité, après avoir payé sa rançon et réuni un certain nombre de familles, avait abdiqué en sa faveur. » Ce jeune homme présomptueux prétendit suivre une politique toute différente de celle de son oncle ; on sait en effet que celui-ci recommandait la douceur dans les rapports avec les explorateurs ; Léchoulatébé, au contraire, se départit de cette sage ligne de conduite et se montra fort peu généreux à leur égard. Il leur envoya une chèvre.

Si l'on compare cet envoi à ce que nous avons pu lire des libéralités princières des indigènes aux voyageurs, notamment dans les voyages de M. Stanley, cette chèvre paraît une plaisanterie du plus mauvais goût.

Ainsi le jugea Livingstone qui voulait simplement donner la liberté à l'animal, afin qu'en retournant au camp, elle donna au chef une preuve de leur mécontentement. Mais ses compagnons n'osèrent pas et Livingstone, qui savait fort bien que Léchoulatébé n'avait voulu que les insulter, dut prendre un autre parti : il lui fit offrir d'acheter des bœufs et des chèvres.

C'était encore à l'époque où la valeur de l'ivoire n'était pas bien connue dans ces contrées ; aussi Léchoulatébé, qui ne veut pas se défaire de son bétail, dont il a besoin, dit-il, pour son propre estomac, offre-t-il des os d'éléphant et en vend en effet une dizaines de défenses à un marchand pour un mousquet de la valeur de 16 fr. 25 ! Il ne devait pas se passer deux ans avant que les indigènes connussent le haut prix que les Européens attachent à ces os et ne laissassent plus les défenses pourrir à l'endroit même ou l'éléphant était tombé.

Livingstone n'avait pas besoin alors d'ivoire, mais de vivres.

« Cependant, dit-il l'espoir qu'avait Léchoulatébé de réserver le monopole du commerce avec les blancs parce qu'ils lui fournissaient des fusils, le porta à s'opposer à notre passage, si bien qu'il fallut cette année là renoncer à continuer notre marche vers le nord. Nous revînmes donc à Colobeng où je restai jusqu'au mois d'avril 1850, époque où je repartis pour aller retrouver Sébitouané, l'ami de Séchéli et le bienfaiteur de l'ingrat Léchoulatébé.

Sur les instances de Séchéli qui m'accompagnait et au prix d'un fusil de qualité supérieure que je lui abandonnai, Léchoulatébé avait consenti à prendre soin de ma femme et à me faire conduire près de Sébitouané, quand la fièvre me contraignit à revenir sur mes pas. La troisième fois que nous repartîmes pour le nord, Sécomi nous fournit des guides jusqu'à Nchocotso, d'où, après avoir traversé la saline Ntoué-ntoué, nous arrivâmes à une suite de puits nommés les *anneaux;* enfin nous attei-

2.

gnîmes les rives de la Tchobé où nous trouvâmes des Cololos sujets de Sébitouané. Ils nous reçurent avec joie. Leur chef était alors à trente deux kilomètres plus bas sur les bords de la rivière. »

III

SÉBITOUANÉ — LE ZAMBÈSE

Voilà certes une grande figure de guerrier devant laquelle il convient de s'arrêter un instant. Ce que nous louerons le plus dans cet homme extraordinaire, ce ne sera pas son courage, sa force, son agilité à la course et sa supériorité sur tous ses compagnons dans le maniement des armes ; ce sont des choses ordinaires chez ces peuples sauvages élevés dès les premières années de leur vie au jeu terrible de la guerre. Ce qui nous étonne le plus : c'est la politique sage et ferme à la fois dont il a toujours fait preuve et à laquelle il doit

ses succès sur les Cafres et les peuplades environ-
nantes. Ce n'est pas le chef classique, impitoyable,
qui ne domine que par la force et la cruauté, c'est
au contraire presqu'un Européen qui prend ses
ennemis par la douceur après leur avoir fait sentir
sa supériorité. — « La tribu dépérit et s'éteindra,
lui disait un prophète ; mais tu gouverneras les
hommes noirs, et, quand tes guerriers auront pris
le bétail rouge, ne laisse pas tuer les vaincus ; ce
sont eux qui formeront ton peuple et leur ville sera
la tienne. »

Sébitouané ne s'est jamais départi de cette modé-
ration, et il n'a eu qu'à s'en louer ; sa réputation
d'homme juste et généreux s'étendait au loin, et
il régnait sans conteste, fort aimé de tous, sur des
peuplades étrangères dont il ne sortait pas.

Sa jeunesse avait été fort tourmentée ; comme
sa tribu avait été dispersée, il s'était enfui vers le
nord avec une bande de maraudeurs. Successivement vainqueur des cannibales de Mélita, des boërs
et des Tébélis, non sans de fréquents revers ; de
nouveau ruiné dans une expédition qu'il tenta vers

le sud-ouest, il se dirigea vers les Tocas, puissante peuplade qui habitait les grandes îles que forme le Zambèse après le confluent de la Liambaïe et de la Tchobé.

— « Protégés par cette situation exceptionnelle, ces brigands attiraient les peuplades errantes ou fugitives et, sous prétexte de leur faire traverser le fleuve, ils les déposaient sur les ilots écartés de la rive, les y dépouillaient complètement et les abandonnaient à leur misère. Sécomi avait failli périr dans son enfance, victime d'une trahison semblable; mais un homme, qui vit encore, avait pendant la nuit, donné à sa mère le moyen de s'échapper et de l'emmener avec elle. Le Zambèse est tellement large, que vous ne distinguez pas si c'est le bord d'une île ou celui du rivage que vous avez en face de vous; mais Sébitouané, avec sa prudence habituelle, exigea que le chef qui lui offrait de le conduire sur l'autre rive vint s'asseoir dans le canot où il se trouvait, et il le retint auprès de lui jusqu'à ce que ses gens et ses bestiaux fussent déposés sains et saufs de l'autre coté du fleuve. Voulant se venger de cet échec, les Tocas se réunirent en grand nombre auprès des chutes pour combattre les Cololos, dont ils voulaient couper les têtes afin d'en orner leurs villages comme c'était leur coutume; mais ils furent vaincus et Sébitouané leur enleva tant de bestiaux qu'il lui fut impossible de se rendre compte du nombre des moutons et des chèvres capturés. »

Ce curieux épisode nous rappelle un peu l'histoire des commencements de Rome. La prédiction se réalisait insensiblement; la guerre et les maladies détruisaient peu à peu la vraie tribu des Cololos, mais Sébitouané les remplaçait par les vaincus, qui lui vouaient alors un attachement sans bornes.

Quelque temps après, il réduisit les Cafres autant par la ruse que par la force et il se trouva définitivement maître de tout le pays depuis le confluent de la Liba et de Liamboïe jusqu'à celui de la Cafoué et du Zambèse.

« C'est, dit Livinsgtone, le plus grand capitaine dont on ait jamais parlé au nord de la colonie du Cap. L'organisation militaire de son peuple est celle

qu'on retrouve chez tous les Betjouanas et qui,
par de certains traits, rappelle les traditions rela-
tives à Sésostris, aux Scandinaves, aux Germains
et aux Celtes.

« Tous les garçons de dix à quatorze ou quinze
ans sont choisis pour être, pendant toute leur vie,
les compagnons de l'un des fils du chef. On les
emmène dans quelque endroit retiré de la forêt,
où des huttes ont été construites pour leur usage;
les hommes d'un âge mûr y vont leur apprendre
à danser et les initier en même temps à tous les
mystères de l'administration et de la politique
africaine. Chacun de ces jeunes gens doit composer
à sa propre louange un hymne, qu'on appelle *Léi-
na*, c'est à dire un nom, et qu'il est obligé de
débiter avec une certaine éloquence. Un grand
nombre de coups est jugé nécessaire pour leur faire
acquérir les talents qu'on essaye de leur donner ;
aussi ont-ils en général plus ou moins de cicatri-
ces à montrer quand ils sortent de leur retraite.
Les bandes, ou régiments, qu'ils forment sont des
mopatos, et reçoivent en outre des appellations
particulières, telles que les *Tsatsis* (soleils), les

Bousas, (gouverneurs), etc. Bien qu'ils habitent différentes parties du village, ils se rendent tous à l'appel et agissent sous les ordres du fils du chef qui est leur commandant. Entre eux il règne une sorte d'égalité, de communauté partielle qui se conserve même après leur séparation, et ils s'appellent *molécanés,* c'est-à-dire camarades. Lorsqu'ils transgressent les règlements qui leur sont imposés, par exemple s'il leur arrive de manger seuls quand ils ont dans le voisinage l'un ou l'autre de leurs camarades, s'il y a contre eux preuve de lâcheté, en un mot, s'ils ont commis une faute quelconque, le délinquant peut être battu par ses compagnons. Il est permis également de frapper les membres d'un *mopato* plus jeune, mais jamais celui qui appartient à une bande plus âgée. En temps de guerre, lorsqu'il existe plusieurs de ces compagnies, la plus ancienne ne paraît pas sur le champ de bataille, elle reste au village pour protéger les femmes et les enfants. Si un fugitif vient se donner à une peuplade, il est incorporé dans le mopato correspondant a celui dont il faisait partie dans la tribu qu'il a quittée.

« La cérémonie qu'on appelle la *buguéra,* parait avoir lieu tous les six ou sept ans, et l'institution du mopato qui en est le résultat a l'utilité d'attacher les membres de la tribu à la famille du chef et de les soumettre à une discipline qui les rend plus faciles à gouverner.

» Quand les jeunes gens reviennent à la ville après avoir fini leurs études, un prix est donné à celui qui est le plus rapide à la course, et qui va le saisir dans un endroit où chacun peut voir le vainqueur. Les membres du mopato sont alors classés parmi les hommes (*banona, viri*) et peuvent siéger dans la *colla* au milieu des anciens. Avant cette époque, ils étaient désignés sous le nom de garçons (*basimane, pueri*). Les premiers missionnaires blâmèrent la buguéra comme entachée de paganisme, et comme étant une école dangereuse où la jeunesse apprenait à désobéir à ses parents. D'après la conduite que nous avons vu tenir aux camarades du mopato, il serait peut-être à désirer que les jeunes missionnaires pussent marcher sur leurs traces.

» Si une offense a été faite à la tribu, les principaux guerriers pointent leurs lances dans la direction du pays qu'habite l'ennemi; le cri unanime de *houou !* répond à leurs menaces, et celui de *heuzz !* accueille chaque coup de lance qu'ils donnent à la terre. Après ces manifestations, tous ceux qui peuvent porter les armes doivent répondre à l'appel du chef; et, sous le règne de Sébitouané, quiconque restait alors chez lui était tué sans merci.

» D'ailleurs, loin de suivre l'exemple des autres chefs qui déclaraient la guerre sans en affronter les périls, Sébitouané conduisait toujours lui-même son armée au combat. Tâtant du doigt sa hache d'armes lorsqu'il apercevait l'ennemi : « Elle est coupante, disait-il, et quiconque tentera de s'enfuir, en sentira le tranchant. » On savait qu'il aurait frappé impitoyablement l'homme assez lâche pour déserter le champ de bataille, et il était si rapide à la course, que le poltron n'avait pas d'espoir de lui échapper par la fuite. Quelques-uns de ses hommes s'étant cachés pendant le combat, il leur avait permis de rentrer dans leurs foyers; mais, à son retour, les faisant comparaître devant lui : « Vous avez mieux aimé mourir ici que de vous faire tuer en combattant l'ennemi, leur dit-il ; vous serez servi selon votre désir. » Et ces paroles furent le signal de leur exécution.

» Sébitouané était au courant des moindres choses qui arrivaient dans le pays, car il savait gagner l'affection de tout le monde, des étrangers aussi bien que de son peuple. Si des pauvres gens venaient chez lui vendre des peaux et des houes, il allait s'asseoir auprès d'eux, quelle que fût leur chétive apparence, et, leur demandant s'ils avaient faim, il ordonnait à l'un de ses serviteurs d'apporter du miel, de la farine et du lait ; il y goûtait devant eux pour éloigner tout soupçon de leur esprit, et leur faisait faire un bon repas, peut-être pour la première fois depuis qu'ils étaient au monde. Ravis au-delà de toute expression de ses manières affables et de sa conduite généreuse, ces étrangers sentaient leur cœur s'émouvoir et s'ouvrir, et non seulement ils donnaient au chef qui les accueillait ainsi toutes les informations qu'ils avaient pu se procurer, mais encore ils chantaient ses louanges et les répandaient au loin. « Il a du cœur et il est sage, » nous disait-on partout, lorsqu'il nous arrivait de parler de Sébitouané. »

J'ai pensé que ces détails intéresseraient le lecteur et je les ai transcrits tout au long; le peu d'étendue de ces notices ne nous permettra pas toujours de faire d'au si larges emprunts aux récits de Livingstone.

Après la mort subite de Sébitouané, Livingstone visita toutes les possessions de ce conquérant, et découvrit le Zambèse au centre du continent; en ignorait jusque-là son existence en cet endroit. Il ne parvint cependant pas à trouver une position où il pût s'établir avec sécurité, et se résolut à renvoyer sa famille en Europe et à revenir au Cap.

Il apprit alors que sa maison et la colonie de Colobeng avaient été saccagées par les Boërs; il reprit sa route vers le nord, le 5 janvier, et arriva à Linyanti le 23 mai 1853. C'était là que se trouvait Sékélétou, le successeur de la fille de Sébitouané, qui fit à l'explorateur un accueil des plus cordials et à qui il eut le bonheur de sauver la vie

un jour qu'un chef voisin, Mpépé, voulait le tuer
pour prendre sa place. Sékélétou voulut ensuite
l'accompagner dans ses recherches; mais Livingstone remonta inutilement jusqu'à Libonta, situé
en face le confluent de la Liamboïe, sans avoir pu
trouver une station convenable et surtout suffisamment salubre. Il revint donc à Linyanti après
un voyage de neuf semaines le long du Zambèse.

L'influence civilisatrice du hardi conquérant
Sébitouané se fit sentir à Livingstone, lorsqu'il
parla aux indigènes des avantages qu'ils auraient
à trouver une route pouvant relier leurs villes aux
établissements européens, c'est à dire aux possessions portugaises de la côte. Ils comprenaient depuis
longtemps l'avantage que leur apporterait une
communication directe avec elles. Aussi accueilli-
rent-ils avec un véritable enthousiasme le projet
que forma Livingstone d'aller à la recherche de
cette route, puisqu'il devait renoncer à l'espoir de
trouver un emplacement propre à l'établissement
d'une mission sur la Liamboïe.

On partit le 11 novembre 1853 avec une bonne

escorte et des provisions en quantité suffisante ; les Cololos et tous les autres compagnons de l'explorateur, qu'il désigne lui-même sous le nom général de Zambésiens, firent montre d'une grande adresse à manœuvrer les canots, et, le 19, on arrivait à Séchéké. Toute cette partie du voyage s'accomplit avec beaucoup d'entrain ; la nuit venue, on campait où l'on pouvait, et on se remettait en route au point du jour. On fit une halte à Naliélé, et, le 17 décembre, nos voyageurs campaient à Libonta, la dernière ville des Cololos. Partout la végétation s'est montrée abondante ; Livingstone constate avec joie que cette partie de l'Afrique, où les géographes supposaient une mer de sable, est arrosée par la magnifique Liamboïe, rivière large de 300 mètres, et peut nourrir autant de millions d'habitants qu'elle en contient de milliers aujourd'hui. Les prairies, les massifs d'arbres, les chants des oiseaux, moins doux cependant que ceux qu'il a entendus dans son enfance, font de cette contrée un site délicieux, plein de fleurs curieuses, de fougères et de lichens.

A quelques jours de là, ils sont reçus par la

reine Nyémoéna et sa fille Ménenco, dont l'avidité est bien plaisante. Elle met tranquillement la main sur les présents destinés à Sékélétou, et voyant que Livingstone n'est pas très content, lui dit amicalement avec un geste affectueux sur l'épaule :

— Allons ! mon petit homme, il faut être satisfait comme les autres et ne pas bouder.

Plus tard, quand Livingstone rendit visite à son oncle Chinté, dans la ville de Kébompo, située un peu plus loin, ayant appris qu'on avait donné un bœuf à Chinté, elle se montra fort irritée et dit :

— Cet homme blanc est à moi, puisque c'est moi qui l'ai amené ; le bœuf m'appartient donc et non pas à Chinté.

Elle donna l'ordre à ses gens d'amener l'animal, le fit tuer de suite, et n'en offrit qu'un quartier à son oncle, qui ne parut aucunement blessé de cette manière d'agir.

La lanterne magique que Livingstone avait apportée avec lui les étonnait beaucoup ; mais les femmes en eurent une grande frayeur, croyant les personnages représentés véritablement animés.

Les voyageurs quittèrent cette ville le 20 janvier 1854, et s'engagèrent dans la plaine de la Liba, sorte de marécage parsemé de nombreux villages où ils se reposaient chez les habitants, et où ils trouvaient toujours une cordiale hospitalité. Livingstone ne devait pas toujours être aussi heureux. Néanmoins, la réputation de ces peuplades n'étant pas très bonne, on se hâta de quitter ces parages en se dirigeant à l'ouest, vers la pointe du lac Dilolo.

La légende qui explique la soi-disant origine du nom de ce lac est trop intéressante pour que nous la passions sous silence.

« Une femme appelée Noéné Monenga, qui était chef d'un village, se rendit un soir chez Mosego, dont la résidence était voisine de la sienne, et qui, ce jour-là, était allé chasser; elle avait faim et demanda à manger; la femme de Mosogo lui donna des aliments en quantité suffisante. Monenga poursuivit sa route et arriva dans un autre village qui était situé à l'endroit où le lac se trouve aujourd'hui; elle fit aux habitants la même demande qu'à la femme de Mosogo ; mais ils lui refusèrent de quoi apaiser sa faim ; et, comme elle leur reprochait vivement leur avarice : « Que ferez-vous pour nous en punir? » lui demandèrent-ils d'une voix railleuse. Elle se mit à chanter lentement sans leur répondre, et, tandis qu'elle prolongeait la dernière syllabe de son nom, le village tout entier, jusqu'aux oiseaux de basse-cour et aux chiens, s'enfonça et disparut dans la terre à l'endroit où les eaux sont venues prendre sa place. Casimacaté, le chef de ce village, était absent ; lorsqu'il revint dans sa famille et qu'il ne trouva plus rien, pas même les ruines de sa cabane, il se précipita dans le lac, où l'on suppose qu'il est toujours ; et c'est du mot *ilolo*, qui signifie désespoir, qu'a été formé le nom du lac où ce malheureux aurait cherché la mort. Est-ce une tradition altérée du déluge? Dans tous les cas, ce serait la seule fois que j'aurais entendu faire allusion par les Africains à l'époque diluvienne. »

A partir du lac Dilolo, les relations entre les voyageurs et les indigènes deviennent tout autres ; jusqu'alors ils n'avaient eu qu'à demander pour obtenir tout de bonne amitié; ils étaient accueillis partout avec solennité; on faisait des fêtes pour les

recevoir, et les souverains tenaient à honneur de traiter dignement l'homme blanc.

Ici, il faut tout payer, et avec quelle monnaie? L'or n'a point cours; les verroteries et surtout la poudre sont seules acceptées en échange de volailles et de manioc. Livingstone n'a plus d'amis que ses braves Zambésiens qui, d'ailleurs, paraissent tout disposés à donner leur vie pour lui. Le moindre passage se paie, un nègre au bout d'un sentier exige une rémunération; heureusement que l'on s'en tire avec quelques anneaux de cuivre.

Au village de Nyambi, c'est bien autre chose; ils manquent d'être dépouillés par les Chiboques, qui ne reculent que devant l'attitude décidée des voyageurs; ils en sont quittes pour un bœuf, un mouchoir, un collier de perles et une chemise; mais les Zambésiens, si satisfaits jusque-là, commencent à perdre courage, et ne parlent rien moins que de retourner à Linyanti.

Livingstone, qui se voyait tout près des établissements portugais et ne voulait à aucun prix perdre le bénéfice d'un voyage si long et si riche en résultats, leur tint tête, et bientôt ils promirent de ne pas le quitter et de le suivre partout où il irait.

Enfin, après avoir franchi la vallée du Couango, Livingstone mit le pied sur le territoire des possessions portugaises, fit halte à Cassangé et enfin arriva à St-Paul-de-Loanda ; les Zambésiens étaient fort inquiets de ce qu'ils deviendraient dans cette ville inconnue, en face de cette mer immense qu'ils ne connaissaient pas. Livingstone aussi n'était pas très rassuré, car il ne connaissait personne dans cette ville, et sa santé s'affaiblissait de plus en plus, minée par une fièvre continuelle et la dyssenterie.

IV

RETOUR CHEZ SÉKÉLÉTOU

Ce fut un grand sujet d'étonnement pour les Cololos, arrivés du centre de l'Afrique dans la ville
de St-Paul-de-Loanda, de voir des maisons à deux
étages, chose dont ils n'avaient jamais pu se faire
une idée, malgré les descriptions réitérées que leur
en avait faites Livingstone; et les bâtiments de
pierre, et surtout les immenses navires auxquels
on grimpait par des cordages.

La santé du docteur se rétablit rapidement, grâce
aux soins de M. Gabriel, commissaire de la Grande-

Bretagne pour la suppression de la traite. C'était
là, en effet, tout le but du hardi explorateur : sup-
primer la traite des esclaves dans l'intérieur de
l'Afrique, cause continuelle d'affaiblissement des
peuplades du centre, qui se privaient de bras indispensables à la culture et au développement d'une
industrie encore dans l'enfance, mais dont cependant ils semblaient, les Cololos surtout, apprécier
les immenses avantages.

Ces marchands d'esclaves qui remontent sans
cesse le Zambèse pour trafiquer avec les peuplades
riveraines, les voler le plus possible, et user de tous
les moyens en leur pouvoir pour les amener à des
marchés de peu de profit, non seulement dépeuplent
ces contrées si riches, si fécondes, qui deviendraient
les plus fertiles du monde si la population indigène pouvait y multiplier tranquillement, mais
influent encore terriblement sur le moral de
ces pauvres sauvages qui vivent dans une défiance perpétuelle; de la défiance, ils passent
bien vite au découragement, et de bons qu'ils auraient pu être, deviennent rapidement agressifs et
cruels.

On offrit plusieurs fois au docteur Livingstone de le ramener en Angleterre ou tout au moins de le conduire dans une île quelconque, à SainteHélène par exemple, où il pourrait prendre du repos et recouvrer complètement la santé; mais il savait bien que ses fidèles Zambésiens ne pourraient revenir à Linyanti sans lui, et il n'aurait pas voulu les laisser dans l'embarras.

Une des preuves les plus frappantes de l'intelligence des Cololos, c'est que, pendant le temps où Livingstone se soignait, ils trouvèrent le moyen de vivre à l'aide d'un commerce très simple à la vérité, mais qui donne une idée très favorable de leur caractère industrieux : ils partaient au point du jour vers les forêts des environs, en rapportaient une notable quantité de bois de chauffage qu'ils débitaient en fagots, et les revendaient aux habitants de la ville.

Le 20 septembre 1854, on quitta St-Paul-de-Loanda pour l'embouchure du Bango; les hommes s'y reposèrent quelques jours, puis on gagna la Coango, et enfin de nouveau le pays des Chiboques, où l'on courut un réel danger. Ces gens sont avides, et, voyant la petite caravane riche en étoffes et verroteries de toutes sortes qu'elle devait à la libéralité des habitants de St-Paul-de-Loanda, ils avaient résolu de ne pas les laisser passer sans les dépouiller complètement, et au besoin les tuer, si c'était possible. Mais ils avaient compté sans la fermeté de Livingstone qui leur fit bien comprendre que la partie n'était pas égale, et s'en débarrassa facilement sans combattre.

On traverse enfin la vallée de la Tamba, puis le Casaïe en dépit de Kéouéoué; on atteint le Lotemboua et enfin le lac Dilolo. Les voyageurs retrouvent leurs vieilles connaissances qui les accueillent avec ravissement, Catéma, Chinté, Nyemoéna, Menenco et Sambanza qui procède à la Késendi, pour cimenter les rapports affectueux des deux peuplades. Nous empruntons encore à Livingstone les détails de cette cérémonie :

« Deux personnes réunissent leurs mains (c'est avec celles de Pitsané que Sambanza joint les siennes); de légères incisions sont faites sur les mains croisées des deux parties, au creux de l'estomac, sur la joue droite et sur le front de chacune d'elles ; l'opérateur recueille, au moyen d'un brin d'herbe, une petite quantité du sang qui s'échappe de ces incisions, et mêle celui de chacun des opérés à de la bière contenue dans des pots différents ; l'un boit le sang de l'autre, et ils sont unis désormais d'une amitié que l'on suppose inaltérable. Pendant cette libation, quelques-uns des assistants frappent le sol avec des gourdins et ratifient, par certaines phrases consacrées, le traité qui se conclut devant eux ; puis les gens qui composent la suite des deux amis finissent de boire la bière qui reste dans les pots. Les deux héros de la Késendi, considérés à l'avenir comme parents, sont obligés de s'avertir réciproquement du danger qui les menace. Si les Cololos, par exemple, formaient le projet d'attaquer les Londas, Pitsané se trouverait dans l'obligation d'en prévenir Sambanza, qui, en pareil cas, devrait faire la même chose à son égard. La cérémonie se termine par l'échange, entre les deux parents, de ce qu'ils ont de plus précieux. L'époux de Ménenco s'en est allé revêtu de l'habillement complet de serge verte, à parements et à revers rouges, que son

3.

ami rapportait de Loanda, et Pitsané a reçu, en outre d'une profusion d'aliments, deux coquillages pareils à celui dont Chinté m'avait fait cadeau lors de ma première visite et dont la valeur est si grande ici.

» Quelque temps après, le hasard établit les mêmes relations entre une jeune femme et moi ; elle avait au bras une grosse tumeur cartilagineuse qu'elle me pria d'enlever ; pendant l'opération, une des artérioles qui avaient été ouvertes me lança quelques gouttes de sang dans l'œil. « Vous étiez déjà mon ami, s'écria la patiente ; mais désormais nous sommes parents, et, quand vous viendrez de ce côté-ci, faites moi prévenir, afin que je vous prépare de quoi manger. »

» Mes Zambésiens contractent ces engagements dans toute la sincérité de leur âme, et ils ont tous un ami dans chaque village où nous avons été si bien reçus. Mohorisi a épousé une femme du village de Catéma, et Pitsané en a pris une dans la ville de Chinté. Ces alliances sont en grande faveur auprès des chefs Londas, à qui elles garantissent de bonnes relations avec les Cololos.

» Le 27 juillet, notre rentrée à Libonta donne lieu à des démonstrations de joie inimaginables. Les femmes accourent au devant de nous en dansant et accompagnent leurs acclamations bruyantes des gestes les plus singulièrement expressifs. Quelques-unes sont armées d'une natte et d'un bâton en guise de lance et de bouclier; les autres se précipitent vers nous, elles couvrent de baisers les mains et le visage des amis qu'elles retrouvent, et soulèvent tant de poussière que nous arrivons avec plaisir auprès des hommes. Ceux-ci, rassemblés dans la cotla où ils sont assis, attendent gravement notre arrivée, d'après les règles du décorum africain. Personne ne croyait plus à notre retour, car les sorciers les plus habiles avaient déclaré que nous étions morts depuis longtemps. Lorsqu'on a exprimé toute la joie qu'on éprouve de nous revoir et que j'ai remercié tout le monde de l'accueil qui nous est fait, j'explique les motifs qui ont prolongé notre absence; mais je laisse à mes compagnons le plaisir de raconter nos aventures. Pitsané prend la parole et, pendant plus d'une heure, il fait le récit de notre voyage, qu'il présente sous le plus heureux aspect; il s'appesantit sur le bon cœur de M. Ga-

briel, sur la bonté des blancs en général, et termine en disant que j'ai fait plus que je ne leur
avais promis; je leur ai non seulement ouvert un
sentier qui conduit chez les blancs, mais même je
leur ai concilié tous les chefs que nous avons trou-
vés sur notre passage. Le plus âgé de l'assemblée
prend la parole à son tour, et faisant allusion au
déplaisir que j'éprouve des razzias qui ont eu lieu
en mon absence contre Sébolamacouaia et Léchoulatébé, il me supplie de ne pas retirer mon affection aux Cololos, de ne pas désespérer d'eux, et de
gronder Sékélétou, comme s'il était mon enfant.
Un autre vieillard m'adresse la même prière, et la
séance est levée. »

Comblés de présents par les habitants, ils arrivent le 31 juillet, à Naliélé qu'ils quittent le 13 août,
et reviennent à Linyanti où les récits enthousiastes
des Cololos transportent de joie Sékélétou qui
envoie, quelque temps après, une nouvelle caravane
à Loanda : cette caravane est,, paraît-il, en plein
succès.

Ces peuplades du centre étaient donc enchantées

d'avoir pu se mettre en rapport avec les colonies européennes de l'Orient, et elles étaient désireuses de tenter la même entreprise à l'Occident. Pour cela, il fallait trouver vers le Mozambique une route aussi praticable que celle que Livingstone venait de leur ouvrir vers Saint-Paul-de-Loanda.

Ce fut vers ce point que Livingstone résolut de se diriger.

V

LE BAS ZAMBÈSE

Sékélétou accompagna Livingstone jusqu'aux chutes Chongoué et lui donna 114 hommes pour porter l'ivoire; la caravane se dirigea vers le nord pour atteindre le pays des Tocas rebelles ou indépendants.

« Je m'arrêtai, dit Livingstone, le 4 décembre, à quatre cents mètres de leur première bourgade, et j'envoyai deux de mes hommes prévenir les habitants de notre arrivée et leur faire part de nos intentions pacifiques. Le chef est venu me voir un instant après, et m'a traité avec beaucoup d'égard ; mais, à l'approche de la nuit, toute la population d'un village voisin est arrivée et s'est conduite d'une façon bien différente. Du cercle d'hommes farouches dont nous étions entourés, se détacha un illuminé, en poussant des cris frénétiques ; les yeux lui sortaient de la tête, ses lèvres étaient couvertes d'écume et tous ses muscles frémissaient. Il s'approcha de moi en brandissant une petite hache d'armes ; et, sans la défense positive que je leur avais faite de porter le premier coup, mes hommes lui auraient certainement cassé la tête. Ils tremblèrent pour moi, et je ne fus pas sans crainte ; mais, ne voulant pas témoigner d'effroi devant des étrangers, et surtout en face des gens de ma suite, je fixai un regard ferme sur la petite hache du forcené. Je me disais que ce serait une sotte manière de quitter ce monde que d'avoir la tête fendue par un sauvage en fureur, ce qui, après tout, vaut encore mieux que de mourir d'hydrophobie ou du *delirium tremens*. Sécouébou avait pris sa lance, comme pour s'amuser à percer un morceau de cuir, mais en réalité pour la plonger au cœur du fou, si par hasard il me menaçait de plus près. Dès que j'eus suffisamment fait preuve de courage, je priai, d'un signe, le chef qui nous avait témoigné de la bienveillance , d'éloigner ce misérable; ce qu'il fit immédiatement. J'aurais voulu tâter le pouls de notre frénétique, pour savoir si le tremblement convulsif qui agitait ses membres n'était pas une chose feinte; mais je trouvai plus sage de me tenir à distance de sa hache. Néanmoins, il était couvert d'un flot de sueur qui coula pendant trente à quarante minutes; après quoi, son accès diminua peu à peu et finit par se calmer. Cette fureur extatique est l'opposé direct du somnambulisme, et je suis étonné qu'on ne l'ait pas essayée en Europe comme on l'a fait du magnétisme.

« Les bravades de cette population nous ayant donné lieu de craindre une attaque, nous fîmes nos préparatifs en conséquence; mais la nuit et le jour suivants se passèrent dans le plus grand calme. Néanmoins, j'eus la précaution de refuser les guides qu'ils m'offraient et dont l'intention me semblait être de nous mener chez les Choucoulompos, qui ont la réputation d'être les plus féroces habitants de cette partie de l'Afrique. »

Je ne puis m'empêcher de faire ici une réflexion sur les illusions du docteur Livingstone au sujet des mœurs des sauvages qu'il devait pourtant si bien connaître. Il se trouve quelquefois, ce grand homme de bien, dépourvu du plus simple bon sens que le moindre d'entre nous montre tous les jours dans la société. Combien de choses sont de pure convention! Combien de raisons fort justes pour nous ne sonnent à l'oreille de peuples barbares que comme les sons d'une langue étrangère!

Ces braves sauvages vont tout nus et ne voient aucun mal à cela; il est même certain qu'ils sont bien plus candides et plus honnêtes que ceux qui éprouvent le besoin de se couvrir. Livingstone ne peut s'empêcher de leur en faire l'observation. Ils ne le comprennent pas du tout, naturellement, et même accueillent ses remontrances avec une douce ironie. Plus loin, il s'étonne de leur manière de saluer : — « Dès qu'ils sont devant vous, dit-il, ils se jettent sur le dos, se roulent par terre, et se frappent la partie extérieure des cuisses en exprimant la satisfaction qu'ils éprouvent de votre visite et en répétant les mots *Kina Bomba*. Cette mé-

thode m'est particulièrement désagréable et je m'é-
gosille à leur crier : « Finissez donc; je n'ai pas
besoin de tout cela. » Mais ils s'imaginent que je
ne me trouve pas assez bien accueilli et, plus ils
me voient mécontent, plus ils se roulent avec fureur et se frappent les cuisses avec violence. Je ne
saurais dire le sentiment pénible que j'éprouve de
leur dégradation

Dégradation de qui, naïf homme de génie que
vous êtes? Ils ne sont pas plus dégradés d'exprimer
ainsi leur satisfaction que vous de parler anglais,
c'est leur usage à eux; admettons que le vôtre vaut
mieux, mais qu'en peuvent-ils ?

Cette naïveté admirable me rend un peu scepti-
que à l'égard de quelques paroles rapportées par
Livingstone et qui feraient de ces peuples sauvages une pépinière d'honnêtes gens portés à la poésie, affamés de civilisation. Les habitants se jettent à sa rencontre en criant : « Nous sommes fatigués de fuir, donnez-nous le repos et le sommeil! »
Une femme, la sœur de Mongé, lui dit en le
quittant : « Il serait si bon de pouvoir dormir en

paix sans rêver qu'un homme vous poursuit de sa lance ! » Ceci est d'une poésie un peu bien élevée pour une sauvage du centre de l'Afrique, et je soupçonne Livingstone, le prédicant fervent, d'avoir bien souvent fait dire à ses personnages ce qu'il pensait lui-même et ce qu'il aurait voulu qu'ils disent. Autrement, s'il est vrai que la paix soit leur plus cher désir et qu'il ne demandent qu'à cultiver tranquillement le maïs, nous serions bien coupables de ne pas organiser immédiatement un expédition puissante qui aurait pour but de civiliser tout l'intérieur de l'Afrique et d'établir d'une façon stable des relations entre les deux côtes que les pauvres Cololos étaient les premiers à rechercher.

La caravane n'eut pas trop à souffrir jusqu'au village de Mpendé : quand il pleuvait, on faisait halte et l'on se reposait ; les peuplades s'étonnaient parfois et croyaient avoir affaire à des ennemis, mais quelques paroles suffisaient à les convaincre de la pureté des intentions des voyageurs et ils en recevaient encore d'amples provisions de viande, de riz et de maïs. A Mpendé, Livingstone obtint de

passer sur la rive droite du Zambèse, ce qu'il n'a-
vait pu faire encore.

De ce point, le terrain est plus accidenté et les
collines semblent les avant-postes des montagnes
qui gardent l'entrée du Mozambique. Jusqu'à Tété,
le chemin est difficile, rocailleux et très fatigant.

Tété s'élève sur une pente inclinée jusqu'au Zambèse; elle est entourée d'une muraille d'environ
trois mètres de haut; mais les habitants ont, en
assez grand nombre, préféré s'établir hors de ce
mur d'enceinte. Les demeures des Européens, au
nombre d'u ... entaine, ont pour toit une chaume
d'herbes et de roseaux. Là, Livingstone laisse la
plupart de ses hommes.

Puis, on passa par Senna, on atteignit Quilimané
et enfin l'île Maurice. Là, le pauvre Sécouébou, qui
devait aller en Angleterre avec Livingstone, devint
subitement fou et se jeta à la mer.

Le 22 décembre, le docteur Livingstone était en
Angleterre.

VI

NOUVELLE EXPÉDITION CHEZ LES COLOLOS

Dans cette émouvante traversée de l'Afrique, le docteur Livingstone avait pu apprécier la différence considérable qui existe entre la civilisation du Congo et celle des territoires du Mozambique et de Sofala. Là, les indigènes avaient étendu considérablement le commerce d'ivoire, de poudre d'or et d'huile de palme; la traite des esclaves n'était plus qu'un souvenir, même pour les Portugais qui s'étaient livrés autrefois à ce commerce; ici, au contraire, la vente des esclaves était la seule spéculation des indigènes, avec un très peu important trafic de poudre d'or.

Il était donc urgent de changer cet état de choses, et d'imposer à la côte orientale de l'Afrique les bienfaits de la civilisation de la côte opposée. Les Cololos, dont l'intrépide voyageur avait pu apprécier l'intelligence et la bonne volonté, lui semblaient devoir être de puissants auxiliaires ; malheureusement, les évènements qui suivirent son départ de cette région lui préparèrent une grande désillusion, ainsi que nous le verrons par la suite.

Une nouvelle expédition fut donc décidée : le docteur Livingstone, Charles Livingstone, le docteur Kirk en devaient faire partie.

Cette expédition, partie d'Angleterre le 1er mars 1858, s'engagea dans l'une des embouchures du Zambèse ; après avoir traversé des plaines d'une incroyable fécondité et parfaitement appropriées à la culture de la canne à sucre, les navigateurs se virent obligés de s'arrêter dans une île qu'ils appelèrent l'*île de l'expédition*, parce que le navire *la Perle* ne réussit pas à remonter le Zambèse au-dessus du Doto.

J'ai déjà dit que Livingstone, malgré une foi ardente, n'avait rien du farouche prédicant qui subordonne tout à l'accomplissement de certains devoirs religieux ; nous en voyons ici une nouvelle preuve, et bien frappante :

« Plusieurs d'entre nous, dit-il, demeurèrent près de deux mois dans cette île et s'y occupèrent à herboriser et à faire des observations de tout genre, mais plus particulièrement météorologiques et magnétiques. Les autres, à l'aide d'un canot et du Ma-Robert, s'efforcèrent de transporter la cargaison à Choupanga et à Senna. Craignant pour leurs compagnons laissés dans l'*île de l'expédition* au milieu des influences pernicieuses de l'inaction et d'un climat malsain, ils firent toute la dépêche possible. Il y eut pourtant des esprits faibles qui n'en demandèrent pas moins à garder le repos dominical et à prendre leurs repas à loisir. Nos hommes d'équipage, des indigènes qu'ils avaient voulu cependant mettre de leur parti, firent preuve de plus de raison et de cœur. *C'est une pitié que certaines gens ne puissent pas comprendre que l'honnête et fidèle accomplissement d'un devoir tient lieu de prières et d'offices !* »

4

Eh! oui! c'est bien là l'application sincère de la plus pure morale de l'Evangile.

Partis de Mazaro, où ils coururent quelque danger, les explorateurs se dirigèrent vers Télé. On était à la date du 17 août 1858. On arriva à Tété le 8 septembre. Là, les Zambésiens que Livingstone y avait laissés éprouvèrent la plus grande joie de le revoir, et je ne puis m'empêcher de citer encore ici le récit de Livingstone au sujet de ces pauvres sauvages, car il est bien touchant :

« La première année s'étant passée sans qu'ils eussent perdu aucun des leurs, les habitants avaient pris de la jalousie et leur avaient, disaient-ils, jeté un sort, si bien qu'une trentaine d'entre eux étaient morts de la petite vérole. Ils gagnaient leur vie en troquant, pour quelques denrées, du bois qu'ils allaient couper au loin; et, sans le major Sicard, qui les soutint et leur attribua de la terre et des houes pour la culture, ils seraient tombés dans une profonde misère. Alors six des plus jeunes, fatigués de leur maigre pitance, avaient résolu de chercher à mieux vivre en allant danser devant les chefs du voisinage. Chisaca les avait passablement reçus; mais Donga, le fils de Nyandé, apprenant qu'ils arrivaient de Tété, leur avait dit : « Qui vous amène, vous qui demeurez chez mon ennemi? Vous apportez un sortilège pour me faire mourir, » et il les mit à mort. « Nous ne nous plaignons pas des trente victimes qu'a faites la petite vérole, ajoutaient les pauvres gens : c'est le Barimo qui les a pris; mais notre cœur souffre pour ces six jeunes gens qui ne devaient pas mourir, et que Bonga nous a tués. » Il n'y avait cependant aucun moyen de songer à obtenir la punition du meurtrier. »

Quelle simplicité! quelle sobriété! mais quelle justesse dans l'expression, et comme tout cela vient bien du cœur, sans aucun apprêt, sans aucune forfanterie!

Un certain temps fut employé à examiner les cataractes de Kébrabasa, puis le lac Thiroua, le grand marais des Eléphants; on se mit à la recherche du Nyassa des Maravis, et l'on arriva à un village des Mangasyas, nommé Macolongoué.

« Ce village se trouve dans un pli boisé de la première des trois terrasses de la montagne et, comme tous les villages des Mangasyas, il est entouré d'un rempart impénétrable d'euphorbe vénéneux. Cet arbre répand une ombre si épaisse qu'il est difficile de voir du dehors les villageois qu'il abrite. L'herbe ne croît pas à l'ombre de cette haie gigantesque ; cela peut être le motif qui en a généralisé l'emploi. De cette manière, l'ennemi ne rencontre pas, autour des hameaux, de ces chaumes qui lui servent de traînée pour incendier les cases ; et les brandons qu'on voudrait jeter sur le toit des cabanes trouvent dans ce rempart incombustible une barrière qui les arrête.

» A l'extrémité de chaque bourgade est la place publique ou *Boalo.* C'est une aire de vingt à trente mètres, dont le sol est uni et propre, et sur laquelle le figuier banian et d'autres arbres répandent une ombre bienfaisante. Les hommes viennent s'y asseoir pendant le jour ; ils y apportent leur ouvrage, y fument leur tabac ou leur chanvre ; et par les soirées délicieuses où il fait clair de lune, ils y chantent, y dansent, et y boivent de la bière.

» C'est là que, comme tous les étrangers, nous nous arrêtons. Ordinairement des nattes de roseau ou de bambou y sont étendues pour les blancs. Puis les explications commencent, et les échanges de cadeaux habituels ont lieu, suivant un cérémonial fort compliqué, jusqu'à ce que nos Cololos, ennuyés et affamés, s'écrient : « Les Anglais n'achètent pas des esclaves, mais des vivres. » Alors le marché est ouvert.

» Les choses se passent chez Chitimba comme ailleurs. En échange de farine et de pois, nous présentons deux mètres de cotonnade bleue, quantité suffisante pour un habillement complet d'homme ou de femme. Sininyané, le chef de nos Zambésiens, trouvant qu'une partie de cette étoffe est suffisante pour payer la farine, s'apprête à déchirer le morceau. Mais Chitimba fait observer qu'ils est dommage de diviser une pièce qui ferait à sa femme une si belle toilette; il aimerait mieux nous donner plus de farine et l'avoir tout entière. « Fort bien, répond Sininyané; mais l'étoffe est très large : veillez à ce que la corbeille qu'on emplira soit très grande; et ajoutez-y un coq pour que la farine ait bon goût. »

» Les affaires s'animent, chacun veut acquérir

d'aussi belles choses que son voisin, et tous s'y empressent de bonne humeur. Les femmes et les filles se mettent à piler du grain, les hommes et les garçons à pourchasser les volailles, qui s'enfuient en criant dans tous les coins du village; bref, quelques heures après, le marché est encombré de provisions de toute espèce. Néanmoins les prix se soutiennent, car les vendeurs mangeront aisément ce qu'ils n'auront pas placé.

» Nous mîmes, en nous dirigeant vers le nord, une semaine à traverser les hautes terres, puis nous descendîmes dans la vallée fertile de la Chiré supérieure qui est à trois cent soixante-quatre-mètres d'altitude environ.

» Les femmes portent ici le *pélélé* qui les défigure. Comme elles l'agitent sans cesse avec leur langue, on peut croire que c'est pour occuper incessamment ce membre qu'on l'a inventé. Cependant, comme nous demandions à un vieux chef :

» — Pourquoi les femmes portent-elles ces anneaux dans leur lèvre supérieure?

» — Evidemment pour s'embellir, a-t-il répondu fort surpris de cette question oiseuse. Un homme a de la barbe, les femmes n'en ont pas; que serait une femme sans pélélé? Une créature ayant la bouche d'un homme, et pas de moustache, ah! ah! ah!

» Jamais, pendant les seize années que nous avons passées en Afrique, nous n'avons vu autant d'ivrognes que dans ce pays. Une après-midi, nous entrons dans une bourgade; nous n'y apercevons pas un homme. Quatre ou cinq femmes seulement buvaient de la bière sous un arbre. Quelques instants après, le docteur sort d'une case en chancelant, sa corne à ventouses lui pendillant au cou, et nous reproche notre infraction à l'étiquette.

» — Est-ce comme cela, dit-il, qu'on entre dans un village sans envoyer dire qu'on arrive?

» Nos gens ne tardent pas à calmer le praticien, qui, pour avoir trop bu, n'en est pas moins de fort bonne composition; il va dans son cellier, appelle à son aide et, assisté de deux hommes de notre suite, apporte une grande jarre de bière qu'il nous offre généreusement.

» Tandis que le docteur nous donne cette marque d'hospitalité, le chef se réveille. Il est furieux, et crie aux femmes qu'elles aient à prendre la fuite, ou qu'il va les tuer. Ces dames éclatent de rire à la seule idée qu'on les suppose capables de se sauver et restent à côté de leurs pots de bière. Notre camp s'installe, le dîner se prépare, et nous voilà en train de manger paisiblement, quand des masses de guerriers, inondés de sueur, se précipitent dans le village. Ils nous examinent, se regardent les uns les autres, et reprochent au chef de les avoir dérangés pour rien.

» — Ces gens-là sont tranquilles; ils ne vous font pas de mal, c'est la bière qui vous aveugle.

» Et, ce disant, ils retournent chez eux. »

Après avoir exploré le lac des Maravis, la petite caravane se mit en marche pour Sechéké; mais les Cololos qui devaient suivre Livingstone, et qui

avaient une famille à Tété, ne le faisaient qu'à regret, quoique on ne les y forçât pas. Une trentaine
d'entre eux s'échappèrent ; quelque abandonnés
qu'ils fussent, dans cette région où ils n'avaient pas
de chef, ils ne pouvaient se soustraire à la force
de l'amour paternel, et ils ne se résignaient pas à
laisser derrière eux, les enfants qu'ils avaient eus
depuis leur établissement dans la colonie.

Le docteur visite le Kébrabasa, qu'il croit fran-
chissable par un bateau à vapeur à l'époque des
crues, traverse la plaine de Chicova infestée de
lions, et poursuit sa route vers Moachemba, le
premier village qui reconnaît la supériorité de Sékélétou.

Le bon docteur remarque toujours avec une sorte
de regret l'effroi que cause l'aspect d'un blanc
aux noirs qui n'en ont jamais vu ; le voyage est
gai, peu pénible ; les voyageurs reçoivent partout
un excellent accueil, on leur fournit généreusement les vivres nécessaires ; le gibier que l'on
rencontre assez souvent, comme les hippopotames
ou des waterbucks, leur donne une ample provi-

sion de viande; mais dès que l'on entre dans un village que les Européens n'ont pas encore visité, les enfants se sauvent en poussant des cris, les femmes se cachent dans leur demeure, les poules gloussent, et, ajoute tristement Livingstone, pourquoi les chiens eux-mêmes s'enfuient-ils à mon approche la queue entre les jambes, comme si j'étais une bête féroce?

Les indigènes montrent la plupart du temps la meilleure volonté, et se mêlent complaisamment aux travaux du camp pour un mince salaire. Nous trouvons dans le récit du docteur la plaisante anecdote de la culotte du cuisinier. Elle était vieille et sale; celui-ci l'avait portée jusqu'à ce qu'elle fût complètement usée et impossible. Il se fit piocher un morceau de terrain pour une des jambes; un autre indigène laboura pour la seconde jambière, et les restes du vêtement payèrent d'autres services non moins pénibles.

Après avoir passé quelque temps à faire un examen approfondi des chutes Victoria qu'il n'avait qu'entrevues à son premier voyage, Livingstone,

—qui les appelle la plus grande des merveilles africaines, et en fait une description fort détaillée
que nous lui emprunterions volontiers, si le cadre
de cet ouvrage ne nous obligeait à nous restreindre,
— Livingstone, dis-je, arrive à Moachemba, puis
à Séchéké où il constate la décadence de l'empire
des Cololos.

On se rappelle que la politique de Sébitouané
avait été d'accueillir avec bonté toutes les peuplades
qu'il soumettait, et de ne pas les éloigner de ceux
de sa race; Sékélétou, au contraire, faisait une
démarcation blessante entre les Cololos et les autres
tribus, et provoqua ainsi des révoltes et des défec-
tions; des peuplades entières s'enfuirent vers le nord

Si l'on ajoute à cela la lèpre dont Sékélétou était
atteint, et qui l'empêchait de gouverner et de se
montrer à ses sujets; la déplorable habitude de
fumer le chanvre, et les fièvres qui décimaient la
population, on comprendra aisément comment s'é-
croula cet empire puissant sur lequel Livingstone
comptait beaucoup pour la civilisation du centre de
l'Afrique.

De ce point, Livingstone revint en arrière, rencontra la mission de l'évêque Mackenzie au port Congoné, en janvier 1861, et commença la lutte, à laquelle il voulut vouer désormais ses expéditions, avec les marchands d'esclaves. Mais les Portugais déclarèrent qu'ils combattraient ceux qui entraveraient ce commerce, et, après la mort de madame Livingstone à Choupanga, un naufrage dans les cataractes Murchison, il revint à Bombay dans les premiers jours de juin 1864, avec la résolution formelle de disputer les régions qu'il avait parcourues aux traitants. C'est dans cette lutte qu'il devait trouver la mort. C'est cette dernière partie de la vie de ce glorieux explorateur que nous allons raconter dans le chapitre suivant et que nous tirons de son *dernier journal.*

VII

DU TANGANIKA OU BANGOUÉOLO

Résumons-nous : au point où nous en sommes arrivés, le docteur Livingstone, le premier Européen qui ait traversé tout le centre de l'Afrique de l'un à l'autre Océan, a découvert le lac Ngami (1er août 1849) et le Zambèse à Séchéké, en 1851. Il découvre le lac Dilolo en 1851; plus tard, il décrit les chutes Victoria, découvre la rivière Chiré, le lac Chiroua et relève, en 1859, le contour méridional du Gnassa.

Livingstone, guidé surtout par son tempérament

essentiellement doux et chrétien dans la plus pure
acception du mot, croit qu'il est possible de suppri-
mer la traite des esclaves dans l'intérieur de l'Afrique, et d'amener les indigènes à se servir des éléphants comme moyen de transport. Il croit qu'on
peut arriver à ce résultat non par des escadres nombreuses, mais par de simples établissements et
des expéditions dans l'intérieur des terres.

Le docteur avait été témoin de traits de brigan-
dages incroyables de la part des traitants.

Les désirs de Livingstone pourront-ils être un
jour réalisés? La chose demandera beaucoup de
temps dans tous les cas. L'état de nature auquel
certains utopistes voudraient nous ramener, existe
en Afrique sous l'aspect le plus hideux. C'est partout la lutte sans merci du plus fort contre le plus
faible; les vaincus sont vendus, réduits en esclavage ou mangés.

Le cannibalisme existe jusqu'au golfe de Guinée;
dans ces régions on engraisse des troupeaux d'hommes comme ailleurs des bestiaux; d'où procède ce

goût pour la chair humaine? amour de la viande gâtée, dit Livingstone; manque de bétail, dit le colonel Long-Tey.

« Par un contraste, dont la cause est l'état de nature sans règle, sans mesure et sans instruction où elles vivent, ces peuplades sont en proie à l'anarchie et au despotisme. L'isolement leur est une condition commune. D'un village, on refusait d'accompagner Livingtone jusqu'à la bourgade voisine. Toutes les demeures s'efforcent de se cacher derrière d'énormes haies vives, dissimulant des palissades. C'est que, comme dans la Malaisie, un jeune homme ne passe ici pour un homme qu'après qu'il a tué quelqu'un. Les gens d'Issa, aux environs de Harar, n'ont le droit de décorer leur toison d'une plume d'autruche blanche que lorsqu'ils ont massacré un de leurs voisins (*Bull. de la soc. Khed. de Géog. n° 4*); de même, un Mégnouéma ne peut pas se parer de la peau d'un chat musqué ni d'une plume rouge de perroquet sans s'être honoré par un meurtre. « Ils ont de l'industrie, dit Livingstone; leurs villages sont bien tenus; l'ordre y règne, ainsi que la justice; les relations entre les habitants sont bonnes ; mais quiconque s'en éloigne se trouve en danger de mort. » Comment en serait-il autrement? L'état de guerre isole chacun, existant d'homme à homme, de bourgade à bourgade. Chaque chef, c'est-à-dire chaque village, étant indépendant, les Mégnouéma n'ont ni relations, ni lien national, ni appui autre que leurs inutiles fétiches.

« C'est l'état païen sans cohésion entre les différentes portions de la tribu, » ajoute Livingstone. L'état païen ne nous semble avoir rien à faire avec cette situation. Il n'a pas empêché d'exister, dans l'antiquité, les grands empires de l'Asie, ni de l'Egypte, ni ceux d'Alexandre ou d'Auguste ; pas plus qu'aujourd'hui il n'empêche d'exister ceux du centre de l'Afrique. En réalité, l'émiettement de l'Afrique est le résultat de l'anarchie et de l'absolue décentralisation de l'Etat en communes.

Ailleurs, l'Afrique nous montre le despotisme le plus excessif. Ce Mtesé, qui, par la transformation de sa personne, de sa cour et de ses idées depuis le passage de Speke, a ébloui Stanley, ne laissait pas, un an auparavant, de célébrer l'arrivée de Chaillé Long-bey envoyé du Khédive, par l'immolation de trente victimes humaines. « S'il ne tuait pas quelqu'un de temps à autre, disait à Livingstone un homme du Ganda, ses sujets se figureraient qu'ils est mort. » Quant à ceux-ci, pour les empêcher de se livrer aux meurtres et aux rapines, l'implacable autorité du despote semble nécessaire à Stanley. (*Tour du Monde, A. XXXVI, p. 64.*) Casembé abattait les oreilles, les mains et les têtes pour que son pouvoir ne fût pas oublié. Les mutilés sont aussi nombreux parmi les courtisans de Cassongo, chef de Roua, qui, même à son adorateur et conseiller le plus intime, a fait couper les mains, le nez, les oreilles et les lèvres. Le Matiamvo, qui venait de mourir, lors du passage de Livingstone chez Quendendé, au commencement de 1854, se mettait parfois à courir les rues, décapitant tous ceux qu'il rencontrait jusqu'à ce qu'il se fût entouré d'un monceau de têtes humaines, sous prétexte que son pays était trop peuplé (*Exp. dans l'Afrique australe*). Son successeur, le Mata-yafa de Cameron, en fait à peu près autant. Ce despotisme abominable s'étend jusqu'aux lacs de sang sur lesquels

navigue le roi du Dahomey et jusqu'au Ouadaï.
Ici, le docteur Nachtigal, comme Stanley dans le
pays de Ganda, prétend que le souverain Ali, qu'il
a trouvé juste et bon, ne saurait maintenir l'ordre
sans exécutions nombreuses, sans faire couper les
oreilles, les mains, les pieds et le nez de ses sujets
(*Bull. de la soc. Khéd., n° 4*).

Livingstone a été souvent la dupe des traitants;
sa grande influence sur les indigènes le faisait respecter des Arabes, et ils se servaient souvent de
lui pour couvrir leurs tortueuses manœuvres.

Enivré par leurs présents et les respects qu'ils
lui prodiguaient, il consentit à leur servir d'inter-
médiaire, et ne s'apercevait pas qu'ils ne son-
geaient qu'à l'amadouer par des égards et des cadeaux, et à s'en servir comme d'une sauvegarde
après avoir feint de le protéger. Autre part, il s'é-
tonne que les Arabes lui parlent d'anthropophages
chez qui tous les morts sont achetés comme viande
de boucherie, ce qui ne s'accorde pas, dit-il, avec
cette autre assertion que lesdits cannibales ont
des moutons et des chèvres en très grand nombre.

Il devait pourtant vérifier le fait chez les Mégnouémas qui regorgent de nourriture et cependant sont
anthropophages.

Et cependant, il y a des faits que l'on ne saurait
nier et qui font le plus grand honneur à Livingstone. A Zanzibar, il visite le marché aux esclaves.
Il est presque ravi de retrouver là les types d'indigènes avec lesquels il a si souvent vécu. Il constate avec tristesse que tous, excepté les enfants,
paraissaient honteux de leur position : — « Les
dents sont regardées, dit-il; les jupes sont relevées
pour examiner les jambes; puis on jette un bâton
pour que, en le rapportant, l'esclave montre ses
allures. Quelques-uns sont traînés au milieu de la
foule et leur prix crié sans cesse. » Il est certain
que ces humiliations sont beaucoup moins sensibles
à ces êtres dégradés qu'elles ne le seraient à un
homme civilisé, mais n'est-il pas respectable de
songer à améliorer la triste condition de ces pauvres gens qui, somme toute, sont des hommes
comme nous, intelligents, braves, généreux souvent, et capables d'avoir tout comme d'autres le
sentiment de leur dignité? Eh bien, c'est grâce aux

révélations de Livingstone que ce commerce des esclaves est interdit à Zanzibar depuis le mois de juin 1873, et à Madagascar depuis juin 1877.

Le docteur partit de Zanzibar le 19 mars 1866 et gagna la baie de Rovouma le 24. Les chemins sont embarrassés de lianes, le terrain manque souvent sous les pieds des chevaux ; à mesure que les voyageurs remontent le Ravouma, la physionomie des indigènes change ; la population est décimée par la guerre que les villages se font entre eux pour la traite des esclaves, les gens sont tatoués sur le visage et le corps ; les femmes portent de grands anneaux aux lèvres, et les dents sont limées en pointe.

Dans tous le parcours de ces régions, il fallait éviter avec soin la rencontre de ces vagabonds maraudeurs qui ne connaissent que les coups de force, exploitent le faible et ne sont que des paresseux nomades vivant aux dépens des travailleurs ; le pays en est infesté ; chez les Gallas, on les appelle *Proutouma ;* entre le Taguégnica et le Bangouéolo, *Mazitous,* et autour du Guassa des

Aïaous. C'est à ces deux derniers que l'expédition pouvait appréhender d'avoir affaire.

« Tous les indigènes, dit Livingstone, cultivent du maïs au bord de la Rovouma, ainsi que dans les

Iles, dont le terrain est moins sec. Presque tous ont des fusils, de la poudre en abondance et une quantité de beaux grains de verre; ils ont des perles rouges enfilées avec leurs cheveux mêmes, et des cravates de perles bleues, aussi serrées que les cols des soldats.

» Le pélélé est d'un usage ordinaire; les dents sont limées en pointe.

» On ne connaît pas, dans cette région, le moyen de faire bouillir la marmite avec des pierres chauffées; mais on y emploie les nids de fourmis termites en guise de four, et l'on creuse des trous dans le sol pour la cuisson du pied d'éléphant, de la bosse de rhinocéros, de la tête de zèbre et d'autres grands animaux.

» Percer une baguette en en faisant tourner une autre avec la paume des mains pour se procurer du feu, est d'une pratique universelle; il est très commun de voir les bâtonnets qui servent à cet usage, attachés aux vêtements ou aux paquets des voyageurs. Les indigènes mouillent avec la langue l'extrémité de la baguette et la plongent dans le sable pour y faire adhérer quelques parcelles de silice, afin qu'elle pénètre plus aisément dans la pièce horizontale. Ils ont pour cela en grande estime le bois d'un certain figuier qui s'allume très vite. Quand il fait humide, ils préfèrent emporter du feu dans un crottin sec d'éléphant ; celui du mâle a environ vingt centimètres sur trente. Ils se servent également, pour ce transport, de la tige d'une certaine plante qui pousse dans les endroits rocailleux.

» Mettre le poisson, la viande et les fruits sur un châssis, au-dessus d'un feu très lent, pour les faire sécher, est d'une pratique générale ; la salaison n'est pas connue.

» Outre les échafaudages qu'ils emploient comme séchoirs, les Condés, au lieu de coucher par terre, ont des plates-formes de deux mètres de haut sur lesquelles ils vont dormir ; la fumée du feu qui est au-dessous éloigne les moustiques et, dans le jour, ces estrades servent de lieu de repos et d'observation.

5

» La poterie semble avoir été connue des Africains dès les temps les plus reculés; on en trouve des fragments partout, même parmi les os fossiles de l'époque la plus ancienne.

» Marmites et cruches pour l'eau et pour la bière sont fabriquées par les femmes, qui les font à la main et à l'œil, sans l'aide d'aucune machine. Un éclat d'os ou de bambou est employé comme ébauchoir, afin d'étendre les petites mottes d'argile qu'on ajoute pour obtenir plus de rondeur. Le vase, une fois modelé, reste ainsi jusqu'au jour suivant; le lendemain matin, on y met le bord, on le retouche à plusieurs reprises, et on le polit avec beaucoup de soin; il est ensuite exposé au soleil jusqu'à parfaite dessication. Un feu clair de bouse de vache séchée, de rafle de maïs ou de chaume, d'herbe et de menu bois, est fait dans un trou pratiqué en terre pour la cuisson finale. Ces vases sont, à cinq ou à sept centimètres du bord, décorés de dessins tracés à la plombagine, ou gravés dans la pâte avant qu'elle ait durci, et, dans tous les cas, imitant le tressage des paniers.

— » Avez-vous entendu parler de gens qui mangent des hommes ou qui ont une queue ? ai-je demandé au chef Tchiricaloma. « Certainement, dit-il ; mais nous avons toujours compris que ces monstruosités là, ainsi que les autres, n'existaient que parmi vous, gens qui allez sur mer. »

Les autres monstruosités auxquelles il faisait allusion désignaient ceux de mes compatriotes qui auraient des yeux derrière la tête, aussi bien qu'au visage. On m'avait déjà parlé de ces derniers, près d'Angola. »

Dans cette partie de leur voyage, les explorateurs souffrirent beaucoup de la famine ; ils traversaient des villages ruinés, passaient entre des territoires en guerre les uns avec les autres et le moindre bœuf qu'on leur donnait en échange d'un mètre de calicot était accueilli avec reconnaissance.

Ils se dirigeaient donc vers le sud, tourmentés par la faim, mal servis par leur Cépahis, jusqu'au village de Moembé, appartenant à Mataca. C'est une véritable ville d'un millier d'habitants. A partir de ce moment, l'abondance renait. Sans parler de

Mataca qui se montre très hospitalier, tous les villages environnant leur donnent à l'envi de la farine et de la viande. C'est ainsi qu'il arrivèrent au lac Guassa, qu'ils tentèrent vainement de traverser.

En conséquence, le docteur songea à tourner le lac et, arrivé au pied d'une montagne nommée Namasi, se vit abandonné de ses Anjouamais, sur la nouvelle que tout le pays est infesté par les Mazitous. Ce sont ces Anjouamais, guidés par le *fidèle* Mouza, qui firent courir le bruit de la mort de Livingstone.

« Au commencement de décembre suivant, dit M. Belin de Launay à qui j'emprunte cette relation, le docteur Kirk, maintenant vice-consul à Zanzibar, ancien compagnon du docteur Livingstone, écrit que, le 5 de ce mois, neuf hommes de l'île Johanna, ayant fait partie de l'expédition, étaient venus lui dire que vers la fin de juillet ou de septembre, étant à l'ouest du Nyassa, ils avaient été attaqués par un bande de Mazitous, qui avaient massacré le docteur Livingstone et la moitié de sa suite ; que le docteur avait, le soir même, été enterré par les survi-

vants. Tous, malgré des différences dans leur dé-
position, affirmaient avoir vu le cadavre de Livingstone. Le docteur Kirk craignait que ces récits ne
fussent que trop vrais.

» La fatale nouvelle parvint en Angleterre au
mois de mars 1867. La Société royale de Géographie
se réunit immédiatement, et son président, Sir
Roderick Murchison, déclara que, quant à lui, les
assertions des hommes de Johanna, en l'absence de
toute preuve matérielle, lui semblaient fort dou-
teuses et qu'il soupçonnait ces gens d'avoir, par
ennui du voyage ou par peur des sauvages, abandonné leur chef et raconté l'histoire de sa mort pour
excuser leur lâche retour. »

Cependant la *Gazette de Bombay* du 28 mars,
après avoir constaté que trois hommes, appartenant
au bataillon de marine et renvoyés par Livingstone
à cause de leur mauvaise santé, étaient revenus à
Bombay, sans rien dire qui concernât le meurtre
du docteur, ajoutait qu'un de ceux qui étaient de-
meurés en arrière venait de rentrer, disant qu'à
Zanzibar des hommes qui avaient fait partie de l'ex-

pédition lui avaient assuré que Livingstone avait été tué parce qu'il persistait à s'avancer dans une certaine direction malgré l'opposition formelle des sauvages. En même temps, le *Times de l'Inde* annonçait que Moussa avait rapporté à Zanzibar une boîte contenant une carte géographique qui pouvait être celle que le docteur avait dressée à son usage pour se rendre compte de la région des lacs de l'Afrique, avant son départ de Bombay. S'il en était ainsi, puisque cette carte serait bien la dernière des choses dont il se fût dessaisi, le journal en concluait que Livingstone, qui n'avait donné aucune nouvelle de lui depuis six mois, devait être bien réellement mort.

D'autre part, on apprenait aussi, en Europe, au mois d'avril, que l'Arabe Moussa, un des fidèles compagnons du hardi voyageur, était entré à Zanzibar, annonçant que Livingstone avait traversé le lac Nyassa vers le milieu de septembre 1866 et qu'après avoir marché quelques journées sur la rive occidentale en se dirigeant vers le nord, il avait été attaqué à l'improviste et tué. Moussa avait assisté à l'attaque et, caché par un arbre, il avait vu

lo docteur recevoir lo coup mortel, puis s'était immédiatement enfui. Ayant retrouvé les débris de
l'expédition, il était revenu au lac avec eux et de
là il avait gagné la côte, grâce à une caravane qui
s'y rendait.

Heureusement il n'en était rien, et Livingstone
continuait son chemin vers le nord ; il traversait
successivement les villages de Maranda, Malemboué,
Tchitanpangoua, Moamba et Casonzo dans le voisinage du lac Tanganycka.

Ce lac, situé à environ 28° longitude est et à 5°
latitude sud, un peu au-dessous de l'équateur, fut
découvert le 13 février 1858, par les navigateurs
Burton et Speke. Ce dernier traversa le premier le
Tanganycka, en atteignit la côte occidentale à l'île
de Kesendghé, voisine de la terre ferme, et revint
par le même chemin à Caouéla. Le docteur Livingstone est le premier Européen qui, après ces deux
explorateurs, parvint à la rive méridionale du lac
le 2 avril 1867.

Le lac Tanganicka est peuplé de crocodiles et

d'hippopotames; ses rives sont fréquentées par les éléphants, les buffles et les antilopes pendant le jour, la nuit par les lions, et plantées de palmiers oléifères et d'élaïs, dont la grappe de fruits mûrs exige deux hommes pour la porter. A cet endroit, il a environ 29 ou 32 kilomètres de large. Ses bords sont infestés de Mazitous qui font des razzias de femmes et d'enfants dans les villages.

Le docteur Livingstone n'ayant pu trouver de guides pour traverser ou même longer le lac, se résigne à prendre sa route vers l'ouest, traverse le Lofou et arrive bientôt dans les domaines de Cazembé. Il avait été partout fort bien reçu, grâce à la lettre qu'il tenait du sultan de Zanzibar et sauf de rares exceptions, il ne manqua de rien; sa santé seulement s'altérait de plus en plus, et la fièvre le minait au point de lui causer de fréquents évanouissements. De Casembé, il se dirigea vers le sud et atteignit les rives septentrionales du lac Bangouéolo.

La superficie de ce lac égale à peu près celle du lac Tanganycka. Le docteur ne fit qu'une courte excursion dans les îles, et remonta vers le nord, attiré toujours par le désir de faire le tour du Tanganyika, quoique souffrant fort d'une pneumonie. Il y arriva le 14 février 1869, sans avoir pu parvenir à rétablir sa santé et dans un grand état de faiblesse.

5.

VIII

LE TANGANYIKA

Le docteur Livingstone tenait à sa découverte et
la voulait complète. Il fallait suivre la côte occidentale et tâcher de relever les contours de cette
admirable nappe d'eau longue, étroite, semblable à
un gigantesque fleuve de quarante kilomètres de
longueur, et où Livingstone pensait toujours trouver les sources du Nil. Dans tous les cas, la chose
qui semblait le préoccuper le plus, c'était de savoir
à quel versant appartenait le lac Tanganyika, à
l'océan Atlantique ou à la Méditerranée ? Nous verrons à quelle idée il faut s'arrêter ; bornons-nous

maintenant à raconter, avec les plus grands détails, cette dernière étape de Livingstone qui devait se terminer par sa mort au-dessous du Bangouéolo.

Il s'embarqua le 26 février sur le lac et arriva bientôt à Catouga ; il traversa un archipel composé de 17 îles, d'Ougouha aux îles Késeudjé ; c'est là que plus tard Caméron signala l'embouchure de la Loucouga comme déversoir du Tanganyika, ce qui aurait fourni à Livingstone un indice sur la direction des eaux du lac ; mais il y passe sans l'apercevoir et atteint le Couélé, principal port et marché du Djidjé. Là il se trouva beaucoup mieux et songea à donner de ses nouvelles à ses amis ; mais les Arabes refusèrent de porter ses dépêches ; bien plus, on tàcha de lui faire payer le port de quelques caisses trois ou quatre fois leur valeur ; enfin, sur la menace que l'on faisait à Thoni des représailles possibles de Seid-Medjid qui avait donné l'ordre de respecter l'explorateur, on prit les dépêches, mais elles n'arrivèrent jamais à destination.

On voyage à travers des routes très fatigantes par une chaleur insupportable et l'on débouche dans une vallée très riante, la vallée de Momba, pour entrer sur le territoire d'une peuplade renommée pour sa cruauté, les Mégnouémas; mais à ce moment le passage offrait moins de dangers, le chef de cette tribu ayant fait alliance avec Catomba. Les voyageurs poursuivirent leur route sans s'inquiéter des craintes des gens de la caravane et arrivèrent à Bambarré, l'ancienne résidence de Moinécouss, le chef défunt des Mégnouémas.

« Ce chef est mort tout récemment et a laissé deux fils pour occuper sa place. Moïnembeg, l'aîné des deux, et le plus sensé, porte la parole dans toutes les grandes occasions; mais c'est Moïnemgoï, le plus jeune et le moins intelligent, qui est le chef, l'héritier du pouvoir central.

« Les deux frères étaient inquiets de notre arrivée; ils nous tenaient pour suspects et l'ont fait voir. Mohamed-Bogarib a demandé l'échange du sang, cérémonie qui se borne à faire une petite incision à l'avant-bras de chacun des contractants et à mêler les deux sangs, en se déclarant amis l'un de l'autre. « Ces gens ne doivent pas voler, nous ne

volons jamais, » a dit Moïnembeg, et il a dit vrai.
Quelques gouttes de sang ont alors été portées de
l'un à l'autre sur une feuille de figuier, et mêlées,
avec la feuille, à celui qui coulait de l'incision. « Il
ne sera pas pris de volaille, ni d'hommes, a ajouté
le chef. — Qu'on saisisse le voleur et qu'on me
l'amène, a répondu Bugarib; celui qui vole est un
porc. » Ce sont nos gens qui ont commencé le vol.
Les indigènes avaient raison de se méfier de nous.
Leur crainte d'ailleurs est naturelle; nous tombons
chez eux comme d'un autre monde; nul avertisse-
ment, pas de lettre, pas de message pour leur dire
qui nous sommes et quels sont nos projets; ils pen-
sent que nous venons pour les piller et pour les
tuer. On ne se figure pas leur état d'isolement, leur
entier abandon, sans autre appui que leurs charmes
et leurs fétiches, qui sont de simples morceaux de
bois.

« Les fils de Moïnécouss n'ont qu'une faible partie
de la puissance de leur père ; mais ils tâchent d'i-
miter sa conduite à l'égard des étrangers. Néanmoins, tous nos gens ont peur des Mégnouémas,
qui passent pour être cannibales. Un enfant de

notre bande s'est introduit dans une hutte, où il est resté coi pour manger une banane; sa mère, ne le trouvant pas, en a conclu aussitôt que les indigènes l'avaient pris pour le dévorer et s'est mise à courir dans le camp en poussant des cris affreux : « Oh! les Mégnouémas ont pris mon enfant pour le faire cuire! Oh! mon enfant mangé! oh! oh! oh! oh! »

« Après m'être bien reposé à Bambarré, je résolus de me rendre à la Loualaba et d'acheter un canot pour explorer la rivière. Notre marche fut à l'ouest d'abord, puis au sud-ouest, dans un pays d'une beauté qui surpasse tout ce qu'on peut dire ; des montagnes et des villages accrochés aux pentes de toutes les grandes masses, villages situés de la sorte pour que l'eau n'y séjourne pas. Les rues sont fréquemment orientées de l'est à l'ouest, afin que le soleil puisse les sécher promptement ; elles sont généralement alignées, et ont à chaque bout une maison destinée aux réunions publiques et bâtie en face du milieu de la chaussée. Les toitures sont basses, mais très bonnes; couvertes avec des feuilles qui ressemblent à celles du bananier, seulement plus résistantes, et qui, d'après le fruit de l'arbre qui les donne, paraissent provenir d'une espèce d'euphorbe. Une entaille de cinq à sept centimètres est faite au pétiole dans le sens de la longueur; par ce moyen, on agrafe la feuille au chevron, qui, lui-même, est souvent fait de la tige d'une fronde de palmier, fendue de manière à être assez mince. L'eau coule avec rapidité sur cette toiture, qui protège efficacement contre la pluie la muraille faite en pisé. Dans les maisons, il y a propreté et confort.

» Où prédominent les pluies du sud-est, le derrière de la maison est tourné de ce côté, et la toiture se prolonge assez loin pour que la pluie n'atteigne pas la muraille. Ces demeures en terre battue restent debout pendant fort longtemps; il arrive souvent que des hommes reviennent au village qu'ils ont quitté dans leur enfance, et réparent le mur qui s'est endommagé. En général, le sol est argileux et fournit des matériaux convenables pour ce genre de bâtisse.

» On trouve dans chaque maison de vingt-cinq à trente pots de terre, suspendus à la voûte au moyen d'échelettes en corde, d'une fabrication très soignée ; on y ajoute souvent un nombre égal de paniers, attachés de la même manière, et beaucoup de bois de chauffage.

» Les hommes de chaque village refusaient de nous accompagner jusqu'à la bourgade suivante. « Ils étaient en guerre, disaient-ils, et avaient peur d'être mangés. » Souvent ils venaient avec nous dans la forêt ; mais, dès qu'ils approchaient des clairières cultivées par l'ennemi, ils nous quittaient poliment, et nous invitaient à revenir sur nos pas, disant qu'ils nous vendraient les vivres dont nous aurions besoin.

» Tout le pays des Mégnouémas est admirable. Des palmiers couronnent les plus hauts sommets, où leurs frondes, aux courbes gracieuses agitées par le vent, ondulent avec une beauté souveraine. Les grands bois, ordinairement de huit ou dix kilomètres de large, qui séparent les groupes de villages, sont d'une richesse indescriptible. Des lianes sans nombre, de la grosseur d'un câble, suspendent leur réseau à des arbres gigantesques ; partout des fruits inconnus, quelques-uns de la grosseur d'une tête d'enfant ; partout des oiseaux étranges et des singes.

» Le sol est d'une extrême fécondité ; et les habitants, bien que divisés par d'anciennes querelles qui ne s'apaisent jamais, cultivent largement la terre. Ils ont obtenu, par sélection, une variété de maïs, dont l'épi a un pédoncule recourbé comme une faucille. Pendant la formation du grain, l'arc de la tige est tourné de manière que l'enveloppe retombe sur l'épi et le recouvre. De grandes haies, ayant cinq ou six mètres de hauteur, sont faites à travers ces champs, en y plantant des perches qui, reprenant racine, émettent des rejets comme celles de Robinson Crusoé, et jamais ne dépérissent. On tend des sarments de liane d'une perche à l'autre ; et, après la cueillette, les épis de maïs s'accrochent à ces cordons par leur tigelle arquée. Ce grenier vertical forme autour du village un véritable mur ; et les habitants, qui ne sont pas avares, y prennent largement pour donner aux étrangers.

» Les naturels ont entendu parler des méfaits de

Hassani, et suspectent nos intentions. « Si vous avez de la nourriture chez vous, disent-ils, pourquoi venir de si loin dépenser vos perles, afin d'acheter ici ? » Les gens de Bogarib leur répondent : « Nous avons besoin d'ivoire. » Mais les Mégnouémas, ignorant la valeur de cette matière, ne voient dans cette réponse qu'un prétexte pour venir les piller.

» Ici, la Louamo est une rivière profonde, d'une largeur de cent quatre-vingt-trois mètres. Nous ne sommes plus qu'à seize kilomètres de l'endroit où elle débouche dans la Loualaba ; mais tout le district a été pillé par les gens de Dagàmbé, qui ont même tué plusieurs personnes ; et chaque chef a été prié de nous refuser le passage.

» Nous sommes à présent dans la saison pluvieuse, et ne devons marcher qu'avec la plus grande prudence. Il est inutile d'essayer d'acheter un canot ; tous ces gens-là sont nos ennemis. Des sentiments si hostiles n'existent que dans les endroits où les agents des traitants se sont mal conduits. Ailleurs, les naturels sont tous bienveillants. Comme nous étions au bord de la Louamo, un de nos hommes fut envoyé de l'autre côté de la rivière pour acheter des vivres ; au moment de gagner le village, il fut pris de panique et ne revint pas ; tout notre monde le regardait comme mort, lorsqu'il fut ramené par des gens que nous n'avions jamais vus, et qui, l'ayant trouvé dans le bois mourant de faim, l'avaient rassasié, et nous le rendaient sain et sauf.

» Cependant, nous avons cru prudent de revenir à Bambarré, où nous sommes rentrés hier. Pendant mon absence, une horde de traitants du Djidji s'est abattue sur ce canton, avide de se procurer de l'ivoire au bon marché fabuleux, dont la nouvelle s'est répandue au loin. Ces gens comptaient cinq cents fusils, et invitèrent Bogarib à se joindre à eux ; mais celui-ci préféra attendre que je fusse revenu de l'ouest. Il est maintenant décidé que nous irons au nord, lui pour acheter de l'ivoire, moi pour atteindre la Loualaba et faire acquisition d'un canot. »

Du 24 décembre au 9 février, on parcourt des

chemins difficiles creusés par les éléphants et où
Livingstone perd le peu de vigueur qui lui reste;

Les Gorilles.

il est obligé plusieurs fois de s'arrêter dans des
cabanes où rien de confortable ne peut lui être

offert, et ce n'est qu'au prix des plus grandes fatigues, qu'il atteint Mamohéla; il ne lui reste que trois compagnons avec lesquels il se dirige vers le nord-ouest, mais bientôt des ulcères aux pieds le forcent à revenir à Bambarré. Les Djidjiens sont en guerre avec les Mégnouémas, et ces luttes se traduisent par des représailles terribles entre les deux peuplades; de plus, les traitants font un mauvais parti à Livingstone et à Bogarib, qui ne prêchent que la paix.

C'est pendant cette halte forcée que le docteur apprend l'existence du lac Tchibongo, alimenté, dit-il, probablement par le Roua du Londa occidental et la Loufira. Ces deux rivières proviennent de deux sources au sud de Catanga, et au midi de ces deux fontaines, on en rencontre deux autres, la Liambaï et la Lounga. Ces quatre fontaines excitent l'admiration de l'explorateur, qui en conclut que la moitié de cette eau coule dans le Nil, et l'autre dans le Zambèse. Cette idée a été la préoccupation de Livingstone jusqu'au dernier moment, mais on sait qu'aujourd'hui cette idée a été complètement abandonnée.

Le 24 août, les compagnons du docteur tuent des gorilles que les indigènes nomment *socos*.

« Ce grand singe marche souvent debout; mais alors il se met les bras sur la tête comme pour faire équilibre. Vu dans cette position, c'est un animal très gauche. Un soco adulte poserait parfaitement pour le diable; il m'ôte l'appétit par son aspect d'une bestialité dégoûtante. Sa face, d'un jaune clair, fait ressortir ses affreux favoris et ses quelques poils de barbe. Son front est vilainement bas, flanqué d'oreilles placées très haut, et surmonte un visage qui est fort éloigné de valoir le grand museau du chien. Les dents sont légèrement humaines; mais les canines montrent la bête par leur énormité. Les mains, ou plutôt les doigts, sont pareils à ceux des indigènes. La chair des pieds est jaune; les Mégnouémas prétendent qu'elle est délicieuse.

» Un homme pressait le miel que renfermait un arbre; apparaît un soco; l'homme est saisi par le singe, qui bientôt le laisse partir. Un autre était à la chasse; il manque un soco; celui-ci prend la

lance, la brise, se jette sur le chasseur, qui appelle
à son secours, lui coupe le bout des doigts avec ses
dents, et s'échappe sain et sauf.

» Cet animal ne mange pas de viande; sa nourriture consiste en fruits sauvages, qui sont très
abondants; il fait ses délices de petites bananes,
mais ne touche pas au maïs. Quand il a coupé les
doigts de l'ennemi, il les crache. Souvent, il mord
sans entamer la peau. Après avoir mutilé le chasseur, il le soufflette. Blessé, il arrache la lance qui
l'a frappé, mais n'en fait pas usage; il prend ensuite des feuilles et les met dans sa blessure pour
arrêter le sang. Il ne désire pas le combat, attaque
rarement un homme désarmé; et, voyant que les
femmes ne lui font pas de mal, il ne les inquiète
jamais. « Le soco, disent les Mégnouémas, est un
homme qui n'a rien de méchant. » Il est très fort,
craint le fusil, mais pas la lance. Quant à la femelle,
j'en vis une chez Catomba, prise au moment où la
mère fut tuée. Assise, elle mesure quarante-cinq
centimètres de hauteur. Tout son corps est couvert
de longs poils noirs, qui étaient jolis quand sa
mère les soignait.

« C'est la moins maligne de toutes les créatures simiennes que j'ai rencontrées. Elle paraît savoir que je suis pour elle un ami, et reste tranquillement sur la natte à côté de moi. Si on refuse la main qu'elle présente pour qu'on l'aide à marcher, elle baisse la tête, et son visage a les contractions que donnent, à la figure humaine, les larmes les plus amères ; elle se tord les mains supérieures, vous les tend de nouveau, et parfois en ajoute une troisième pour rendre l'appel plus touchant. Elle s'entoure de feuilles et d'herbe pour faire son nid, et ne permet pas qu'on touche à sa propriété. Cette petite créature est fort affectueuse ; elle s'est attachée à moi du premier coup, m'a gazouillé un salut, a flairé mes habits, et m'a tendu la main. Au lieu de la serrer, j'ai tapé légèrement cette main ouverte, sans offense ; ce qui néanmoins a blessé la petite. Dès qu'on l'eut attachée, elle se mit à défaire le nœud de la corde avec ses doigts, et en s'y prenant d'une façon tout à fait méthodique. Un homme ayant voulu l'en empêcher, elle lui lança des regards furieux et essaya de le battre. L'homme avait un bâton ; elle en eut peur, vint s'adosser à moi, et, reprenant confiance, regarda l'homme en face. Elle tend les bras pour qu'on la porte, absolument comme un enfant gâté ; si on n'y fait pas attention, elle pousse un cri de colère qui rappelle celui du milan, se tord les mains, comme si elle était au désespoir, et d'une façon toute naturelle. Elle mange de tout, refait son nid chaque jour, se couvre d'une natte pour dormir, et s'essuie le visage avec une feuille. »

Il est impossible de ne pas admirer la patience et l'énergie du hardi explorateur, abandonné par ses gens, sauf trois, souffrant d'une pneumonie, en proie à des accidents cholériques, et les pieds couverts d'ulcères, ne perdant point courage cependant, et oubliant ses douleurs pour ne songer qu'au but qu'il s'est proposé. Pendant cette halte forcée, attendant des nouvelles d'Europe, Livingstone nous donne quelques détails fort intéressants sur la nature des Mégnouémas, et aussi de l'influence terrible de la réputation des Arabes sur les indigènes. Ils feraient bien du commerce, mais ils craignent ces Arabes qui viendraient avec leurs fusils. Il faut néanmoins affirmer qu'ils sont sanguinaires. Nous lui emprunterons quelques détails de mœurs qui rappellent ceux que M⁽ᵐᵉ⁾ Pfeiffer a donnés sur les Dayacs et les Battacs de la Malaisie.

« Une très jolie petite femme a passé gaiement devant ma porte, il y a bien près d'un mois, je l'ai noté ; elle allait se marier avec Monasimba. On l'avait payée dix chèvres ; ses amis en demandèrent une de plus, qui a été refusée ; ils lui ont persuadé de revenir ; elle s'est enfuie, a pris une fièvre rhumatismale qui s'est déclarée le lendemain, et elle est morte hier. Pas un mot de regret pour la charmante créature ; mais les chèvres, quelle perte ! Ils ne sauraient trop s'en lamenter :

» — Nos dix chèvres ! oh ! nos dix chèvres ! oh !

» Un homme a été tué à moins de huit cents mètres d'ici, par un habitant d'une autre bourgade ; dès lors, querelle entre les deux communes ; le meurtrier a été poignardé, le village réduit en cendres, et toute la population mise en fuite. Le mépris de la vie humaine est poussé, chez ces gens-là, aux dernières limites. Un individu qui a tué une femme sans nul motif, il y a peu de jours, n'a

pas même été puni ; il a offert sa grand'mere pour
être tuée à sa place, et, la cause entendue, on ne
lui a rien fait.

» L'un d'eux met par terre une plume écarlate
de leur perroquet, et défie les assistants de la prendre et de la placer dans leur chevelure : celui qui
le fait doit tuer un homme ou une femme.

» Une autre de leurs coutumes, est qu'un homme
ne porte pas la dépouille du *ngahoua*, ou chat
musqué, à moins d'avoir tué quelqu'un.

» Moïnembeg, le plus intelligent des fils de Moïnécouss, m'a dit qu'on avait tué hier un homme à
quelques kilomètres d'ici, et qu'on l'avait mangé ; la
faim est le motif assigné à cet acte de cannibalisme

» A propos de nourriture, Moïnembeg a ajouté
que les Mégnouémas font tremper de la viande
dans l'eau pendant deux jours, afin de lui donner
du fumet. Leur goût pour la viande gâtée est la
seule raison que je puisse donner de leur anthro-
pophagie. »

Voici d'autre part, ce que nous trouvons dans Mᵐᵉ Pfeiffer :

« Le même jour, j'allai encore visiter une autre tribu placée plus haut sur la rivière. J'y trouvai tout comme chez la première : seulement j'y vis deux têtes d'hommes nouvellement coupées. L'autre tribu ne manquait certes pas de pareils trophées, mais ils étaient déjà anciens, et changés en véritables têtes de mort, tandis que celles-ci, tranchées peu de jours auparavant, avaient un air effroyable. La fumée les avait noircies comme du charbon, la chair était à moitié desséchée, la peau intacte, les lèvres et les oreilles racornies ; la bouche, largement ouverte, laissait voir les mâchoires dans toute leur horreur. Ces têtes étaient encore couvertes d'une chevelure épaisse ; l'une d'elles avait les yeux ouverts, et on les voyait à moitié desséchés, tout rentrés dans leurs orbites. Les Dayacs les sortirent du réseau dans lequel on les avait suspendues, pour me les montrer ; ce fut un affreux spectacle qui ne sortira jamais de ma mémoire.

» Ils coupent les têtes si près du tronc, qu'on

ne peut s'empêcher de reconnaître chez eux une extrême dextérité. Ils ôtent la cervelle par l'occiput.

» En prenant les têtes à la main, ils leur crachèrent à la figure; les enfants leur donnèrent des coups et crachèrent par terre. Leurs visages, d'ordinaire calmes et tranquilles, prirent alors une expression terrible de férocité.

» Je frissonnai, mais je ne pus m'empêcher de convenir que nous autres Européens, loin d'être supérieurs à ces sauvages si méprisés, nous valons bien moins qu'eux encore. Chaque page de notre histoire n'est-elle pas remplie de forfaits, de meurtres et de trahisons en tout genre? Qu'y a-t-il de comparable aux guerres de religion en Allemagne et en France, à la conquête de l'Amérique, au droit du plus fort et à l'Inquisition? Et même de notre temps, où nous sommes peut-être, par les formes extérieures, plus polis et plus civilisés, en sommes-nous pour cela moins cruels? Ce n'est pas quelque misérable cabane comme celle des Dayacs ignorants et barbares, mais de vastes salles, et les plus grands palais que bien des hommes célèbres de l'Europe pourraient orner de têtes sacrifiées à leur ambition et à leur soif de pouvoir. Que de milliers d'hommes ont été immolés aux désirs de conquêtes des grands capitaines! La plupart des guerres ne sont-elles pas entreprises pour assouvir la cupidité d'un seul homme? Vraiment, je suis étonnée comment, nous autres Européens, nous osons fulminer anathème contre de pauvres sauvages qui tuent leurs ennemis comme nous tuons les nôtres, mais qui peuvent au moins s'excuser, en disant qu'ils n'ont ni éducation ni religion qui leur prêchent la douceur, la clémence et l'horreur du sang.

» On lit dans beaucoup de descriptions de voyages que les Dayacs témoignent leur amour à leur bien-aimée en déposant une tête d'homme à ses pieds. Cependant un voyageur, M. Temningk, prétend que ce n'est pas vrai. Je suis tentée de me ranger à son opinion. Où ces sauvages prendraient-ils toutes ces têtes, si tout amoureux faisait un pareil cadeau à sa fiancée ?

» La triste coutume de la décollation semble

plutôt avoir pris son origine dans la superstition ; car quelque sujet tombe-t-il malade, ou bien entreprend-il un voyage chez une autre tribu, lui et sa tribu s'engagent à faire le sacrifice d'une tête d'homme en cas de guérison ou d'heureux retour. Le sujet meurt-il, on sacrifie une tête et même deux. Dans les traités de paix, plusieurs tribus fournissent également de part et d'autre un homme pour être décapité ; mais, dans la plupart, on sacrifie des porcs à la place d'hommes.

» S'il a été fait vœu de fournir une tête, il faut qu'on se la procure à tout prix. En ce cas, quelques Dayacs se mettent d'ordinaire en embuscade. Ils se cachent dans l'herbe des jungles, haute de trois à six pieds, ou bien entre des arbres ou des branches coupées, sous des feuilles sèches, et guettent leur victime des journées entières. Quelque être humain que ce soit, homme, femme ou enfant, qui approche de leur cachette, ils lui décochent d'abord un trait empoisonné, puis ils s'élancent sur lui comme le tigre sur sa proie. D'un seul coup, ils détachent la tête du tronc. Le corps est couché avec soin, et la tête mise dans un petit panier des-

tiné particulièrement à cet usage et orné de cheveux
d'hommes.

» Ces meurtres deviennent naturellement l'occa-
sion de guerres sanglantes. La tribu dont un membre a été tué entre en campagne; elle ne dépose
les armes qu'elle n'ait obtenu en représailles une
ou deux têtes. Ces têtes sont ensuite rapportées en
triomphe au milieu de chants et de danses, et suspendues solennellement à la place d'honneur.

» Les fêtes qui succèdent à cette vengeance durent tout un mois.

» Les Dayacs aiment tant les têtes humaines que
toutes les fois qu'ils entreprennent, en commun
avec les Malais, quelque guerre ou quelque expédition de piraterie, ils ne se réservent que les têtes et
abandonnent le reste du butin aux cupides Malais. »

Enfin, le 16 février, Livingstone repart après
avoir reçu du consul de Zanzibar des nouvelles
d'Europe et des hommes.

Ici, je ne puis m'empêcher, après avoir tant usé

des documents que l'on a bien voulu me mettre entre les mains, de prendre à mon tour la parole et de dire quelques mots tout personnels sur le caractère du docteur Livingstone. Je ne l'ai pas connu, et je le regrette, car il se peint admirablement dans ses mémoires. Je sais qu'aujourd'hui les tendances sont au scepticisme ; c'est ce qui arrive forcément dans les époques de transition ; en deçà, un fanatisme implacable ; au-delà un scepticisme idiot, jusqu'au moment où l'équilibre s'établit et où la saine raison finit par dominer. Je ne puis oublier que ce livre est spécialement destiné à la jeunesse, et je croirais mentir à mes vingt ans de professorat, si je ne faisais ici tous mes efforts pour prévenir chez les jeunes intelligences qui le liront une exagération funeste.

Livingstone était l'homme prédestiné aux voyages dans l'intérieur de l'Afrique, mais je doute qu'il eût réussi à y planter son drapeau, ou même un drapeau quelconque. Partout il se montre le prêtre, humain, tolérant, disposé à voir plutôt le beau côté des caractères que le mauvais, et par suite se trompant souvent ; jamais il n'a les allures du con-

quérant qui impose sa volonté et fait siens les territoires qu'il parcourt. Il prend note avec un soin
extrème du bien qu'on lui fait ; les moindres atten-
tions, un indigène qui lui apporte à manger, une
femme qui fait du feu sans qu'on le lui demande,
tout cela est enregistré avec émotion ; quant aux
côtés sauvages des peuplades qu'il rencontre, il a
toutes les peines du monde à les constater ; il voit
sous ses yeux vingt preuves de cannibalsme, et ce
n'est qu'après ces preuves réitérées qu'il fait doucement cette réflexion mélancolique : *Décidément
ils sont cannibales !*

Il faut de tels hommes pour découvrir les mystères de l'Afrique centrale, étudier les mœurs des
indigènes, indiquer les meilleures stations, et donner tous les moyens de parcourir ce continent si
peu connu ; mais il en faut aussi d'une autre trempe
pour civiliser ces peuplades primitives, coloniser
res pays fertiles que l'on croyait des déserts et porter du nord au sud de l'Afrique les bienfaits de la
colonisation européenne.

En général, Livingstone dit du bien des Mégnouémas qui l'appellent *l'homme bon;* il est partout reçu chez eux avec bienveillance; chez Casonga à une dizaine de kilomètres de la Loualaba, et dans le Nyangué; il se vante même d'avoir eu une certaine influence morale sur les indigènes, en constatant que Ebed avait donné l'ordre à ses mandataires de ne pas répandre le sang, de faire des présents à tous les chefs et de ne se battre que dans le cas où ils seraient réellement attaqués.

Il devait bientôt en rabattre sur le compte de ces peuplades barbares; c'était à la Tchitoca que l'attendait cette terrible désillusion. On appelle de ce nom la foire qui se tient sur les rives de la Loualaba. Là il se trouve retenu pendant fort longtemps, ne pouvant pas obtenir un canot pour passer cette rivière, parce qu'on fait circuler le bruit qu'il ne veut aller sur l'autre rive que pour tuer les Mégnouémas.

L'aspect de ces marchés, les Tchitocas, si brillants, si animés, le remplit d'admiration, mais il voit avec regret toutes les intrigues des chefs qui tâchent d'engager les traitants dans leurs vielles querelles. Voici comment ils s'y prennent : ils invitent les traitants à venir commercer, leur désignent tel village où l'ivoire est en abondance. Le traitant part avec sa bande ; mais on a fait dire au village en question qu'il vient pour se battre, non pour trafiquer, et il est reçu par les ennemis qui l'obligent à se défendre.

Les traitants sont agressifs avec les faibles, mais très accommodants avec les forts ; l'un deux, Bogarib se distingue entre tous par cette prudente partialité. Mais il y aussi Dagambé, un devin fort habile, qui a une bande considérable de cinq cents mousquets ; c'est lui qui ouvrira la lutte et commencera les massacres, auxquels Livingstone est obligé d'assister. Cette épouvantable scène ne saurait être résumée et je laisserai la parole à Livingstone lui-même :

« Kimbourou, dit-il, a donné trois esclaves à Manilla ; en retour, Manilla a pillé et brûlé dix villages. Ravi de cette preuve d'amitié, Kimbourou a offert à Dagàmbé neuf esclaves pour une semblable opération ; il a éprouvé un refus ; et aujourd'hui les gens de Dagàmbé détruisent ses villages, fusillent et capturent ses sujets, pour punir, dit-on, Manilla ; en fait, pour apprendre aux indigènes qu'ils ne doivent avoir de relations et ne faire de commerce qu'avec Dagàmbé et les siens : « Soyez amis avec nous, non pas avec Manilla, ni avec aucun autre ; » c'est là dessus qu'on insiste.

» Malgré les villages en flammes et les coups de fusil qui de temps en temps se tiraient sur les fugitifs, quinze cents personnes vinrent au marché. En arrivant sur la place, je rencontrai tout d'abord Edaï et Manilla, puis trois des hommes que Dagàmbé a récemment amenés du Djidji. Je m'étonnai de voir ces trois hommes avec des mousquets, et fus sur le point de leur reprocher d'être venus là avec des armes, ce que ne font jamais les habitants ; mais je l'attribuai à leur ignorance des usages du pays ; et, la chaleur étant suffocante, je résolus de rentrer chez moi.

» Comme je m'éloignais, je vis un de ces hommes marchander une poule et s'en emparer, je n'avais pas fait trente pas hors de la place, qu'une double détonation m'apprit que le massacre commençait. La foule s'élança de tous côtés, chacun jetant ses marchandises et prenant la fuite. Les trois hommes continuaient à tirer sur les groupes qui étaient en haut du marché, quand des volées de mousqueteries partirent d'une bande postée en bas, près de la crique, et dont les coups se dirigeaient sur les femmes qui se précipitaient vers les canots.

» Une cinquantaine de pirogues étaient là, pressées les unes contre les autres. Dans l'effroi qui les avait tous saisis, les hommes oublièrent leurs pagaies. Les canots ne pouvaient pas sortir tous à la fois; la passe était étroite, et, voulant tous partir, ils s'en empêchaient. Hommes et femmes, entassés dans les barques, blessés par les balles qui continuaient de pleuvoir, sautaient dans l'eau et s'y débattaient en criant. Une longue file de têtes, sortant de la rivière, montrait que les malheureux nageaient vers une île située à quinze cents mètres; pour y atteindre, il leur fallait opposer le bras gauche à un courant de trois kilomètres à l'heure. S'ils avaient pris la diagonale pour gagner l'autre rive,

le courant les aurait aidés, et, bien que la distance
fût de cinq kilomètres, quelques-uns l'auraient

Henry Morton Stanley.

franchie. Mais toutes ces têtes au-dessus de l'eau
marquaient la ligne de ceux qui devaient périr.

» Les coups de feu continuaient, tombant sur les faibles et sur les blessés. A chaque fois disparaissaient des têtes, les unes tranquillement, coulant à fond et rien de plus; les autres avec des mouvements désespérés de bras se levant vers le ciel.

» Un canot se chargea d'autant de monde qu'il put en contenir; tous le firent marcher en *patouillant* avec les bras en guise de rames. Trois autres allèrent au secours des amis défaillants et s'emplirent au point qu'ils sombrèrent.

» Seul dans une longue pirogue, où auraient pu tenir quarante ou cinquante personnes, un homme avait perdu la raison; il remontait la rivière, pagayant sans but, tournoyant, n'allant nulle part et ne regardant pas ceux qui se noyaient.

» Peu à peu toutes les têtes disparurent; quelques nageurs, qui avaient pris en aval, gagnèrent la rive et échappèrent au massacre.

» Dagâmbé mit quelques hommes dans l'un des canots restés sans maître et les envoya au secours des malheureux : vingt-deux furent sauvés de la sorte. Une femme refusa d'être prise à bord, préférant la chance de se sauver en nageant à la crainte d'être esclave.

» Ces femmes sont d'habiles nageuses, par suite de leur habitude de plonger dans la rivière pour y pêcher des huîtres ; celles qui ont suivi le courant ont pu être sauvées ; mais les Arabes eux-mêmes estiment le nombre des morts à un chiffre qui varie entre trois cent quarante et quatre cents ; et je les crois loin du compte.

» Dans leur acharnement, les hommes qui fusillaient près des canots ont tué deux des leurs.

» Mon premier mouvement fut de décharger mon pistolet sur les assasins ; mais Dagâmbé protesta contre mon immixtion dans une querelle sanglante.

» Deux misérables mahométans affirmèrent que la fusillade avait été faite par les gens de l'Anglais ; je demandai à l'un d'eux comment il pou-

vait mentir à ce point ; il ne trouva nulle excuse ;
pas un autre mensonge ne lui vint à l'esprit ; il
resta confus devant moi qui, lui recommandant de
ne pas dire de faussetés si palpables, le laissai bouche béante et l'oreille basse.

» Après cette terrible affaire, les gens de Taga-
mogo, le principal auteur du crime, continuèrent
de tirer sur les habitants de la rive gauche et
de brûler leurs villages. Au moment où j'écris
ces lignes j'entends les lamentations qui se répandent sur ceux qu'on a tués de l'autre côté de
l'eau et qui sont morts, ignorant combien de
leurs amis gisent dans les profondeurs de la
Loualaba.

« On ne saura jamais le nombre de ceux qui ont
péri dans cette horrible matinée, où il m'a semblé
que j'étais en enfer. Tous les gens du marché, qui
ont pris le fuite de ce côté-ci, ont été poursuivis et
dépouillés par les esclaves du camp ; et, pendant
des heures les femmes de la suite des traitants ont
recueilli et emporté des charges de ce qui était resté
sur la place.

« Quelques fugitifs sont venus à moi et en ont été protégés. Dagàmbé en a sauvé vingt-deux et les a libérés de lui-même; ils ont été amenés ce soir près de ma maison. Dans le nombre sont une femme qui a eu la cuisse traversée par une balle et une autre qui est blessée au bras. J'ai envoyé mes hommes avec le drapeau, car, sans leur pavillon, ils auraient pu être victimes des assassins, et ils ont sauvé quelques personnes.

« Ce matin, seize villages étaient en feu, je les ai comptés. Meurtre et pillage, pourquoi tout cela? ai-je dit à Dagàmhé et aux autres. Tous rejettent la faute sur Manilla; et dans un certain sens, il en a été la cause; mais je ne pense pas admettre, ainsi qu'on me le répète, qu'on a voulu punir Manilla d'avoir fait, lui étant esclave, amitié avec des chefs. Le désir d'inculquer aux indigènes le sentiment de l'importance et de la force des nouveaux venus est un motif plus sérieux; mais il est terrible de penser que le meurtre de tant de créatures innocentes a pu être prémédité.

« Je compte dix-sept villages en flammes; la fuméo s'élève verticalement et forme un nuage au sommet de la colonne indiquant un foyer d'une extrême ardeur, car toutes les maisons sont ici pleines de bois de chauffage soigneusement empilé. »

Livingstone, navré de tous ces massacres, quitte le Nyangwé pour se diriger vers le Djidji, situé de l'autre côté du Tanganyika. Il traverse le Cahembaï et voit bientôt se confirmer partout la preuve que les traitants ne sauraient apporter aucune civilisation à ces régions, puisque l'incendie n'est pour eux qu'un amusement quand ils n'ont rien à craindre. — « Ces hommes sont pires que les animaux féroces, s'écrie-t-il, si toutefois on peut qualifier du nom d'hommes les esclaves des traitants. N'y a-t-il pas une monstrueuse injustice à comparer les Africains libres, vivant sous leurs propres chefs et sous leurs propres lois, cultivant leurs propres terres, avec les bandits que l'esclavage produit à Zanzibar et ailleurs ! »

Livingstone accepta chez Casongo l'adjonction d'une bande d'Arabes qui se rendaient au Djidji pour chercher des marchandises ; néanmoins, mal-

gré ce renfort, le docteur manqua trois fois de perdre la vie; on le prenait pour Bogarib. Sa santé
d'ailleurs s'affaiblissait de plus en plus; il manquait d'appétit; il souffrait moralement d'être
obligé, si près du but, de rebrousser chemin.

Pourquoi lui envoyait-on toujours des esclaves
de Zanzibar, au lieu d'hommes libres? Pourquoi
confier à ces hommes des caisses et des lettres qui
n'arriveraient jamais? Pourquoi trouvait-il tant de
mauvaise volonté dans les pays qu'il parcourait en
ce moment, quand partout ailleurs, il était si bien
reçu d'habitude?

Nous ne voudrions prendre parti pour personne;
mais nous ne pouvons ne pas rappeler les griefs du
docteur Livingstone contre le docteur Kirk de
Zanzibar, griefs qu'il a rassemblés dans une lettre
fort longue que nous nous contenterons de résu-
mer.

En arrivant à Caouélé une autre surprise en effet
l'attendait: Chérif avait vendu tout ce qui lui appartenait et le docteur était complétement ruiné!

Ce Chérif Baché était un agent du docteur Kirk, chargé par celui-ci de porter à Livingstone une grande quantité d'étoffes, de l'eau-de-vie, du savon, et beaucoup de perles, du sucre, du café et de la cotonnade. Rien de tout cela ne parvint à son destinataire ; Chérif troqua les marchandises contre des esclaves et de l'ivoire, payant de plus les porteurs avec les étoffes du docteur, échangea les perles contre du plomb, du vin de palme ou de banane.

Ce serviteur infidèle prétendit toujours s'appuyer sur le Coran qu'il avait consulté, disait-il, et où il avait appris la mort de *l'homme blanc.* Tout ce qu'il avait se trouvait donc sans propriétaire et il croyait avoir eu le droit de l'employer à sa guise.

D'un autre côté, il soutenait que les ordres qu'il avait reçus de Zanzibar étaient de ramener le docteur par tous les moyens possibles et de l'empêcher de pousser plus loin ses découvertes.

Quoi qu'il en soit, Livingstone se trouvait sans ressources, malade et sans espoir d'obtenir aucun secours. Ce secours devait lui venir du côté où il l'attendait le moins.

IX

STANLEY. — DERNIÈRES ÉTAPES. — LES SOURCES

DU NIL

Dans la matinée du 28, au moment où notre ex-
lorateur se désespérait le plus et cherchait dans
a religion les consolations qu'un croyant comme lui
trouve toujours; son serviteur Souzi accourut
out haletant et lui jeta ces mots : « Un Anglais!
n Anglais! Je l'ai vu ! »

Comme le drapeau des États-Unis flottait en tête
la caravane, il n'y avait pas à douter. Mais d'où
uvait venir ce voyageur inconnu? Où allait-il?
te venait-il chercher dans ces régions? Le bon

7

docteur était bien loin de deviner la vérité; lui, toujours si humble, si modeste, pouvait-il lui venir à l'idée qu'un Américain, c'est-à-dire un homme d'une nation rivale, avait, sans hésiter, dépensé environ 106,000 francs pour envoyer Henry Morton Stanley, correspondant du *New-York Héraid*, à sa recherche à travers le continent africain?

« Immédiatement je retrouvai l'appétit, dit-il; à la place de mes deux repas, aussi minces qu'insipides, je mangeais quatre fois par jour, et les forces me revinrent. »

Halimà, la ménagère du docteur, n'en revenait pas; toute la journée, ils mangeaient en causant, et la bonne créature était dans le ravissement de voir revivre celui qu'elle avait vu de si longs jours abattu et sans appétit!

« Je ne suis pas démonstratif, disait le docteur ému, mais cette pensée de M. Benett, cet ordre généreux, si noblement effectué par M. Stanley, c'est bouleversant ! »

A cette époque, ce qui tourmentait le plus Li

vingstone, c'était de trouver un émissaire du lac
Tanguégnica ; il voyait bien des affluents, on lui
en avait cité jusqu'à dix-huit, mais pas une de ces
rivières ne sortait du lac.

Il remonta donc la Loussizé en pirogue et ne
pensa plus qu'à redescendre dans le Djidji où l'attendait Stanley malade. La seule probabilité à
laquelle il ait pu s'arrêter alors, c'était que la dé-
charge du lac devait se faire par la Lougomba,
dans la Loualaba, que cette rivière joint sous le
nom de Louomo ; c'était aussi l'opinion de Cameron.

Stanley insistait beaucoup pour que Livingstone
retournât en Angleterre le plus tôt possible et reprît
des force pour continuer ensuite l'œuvre commen-
cée. Et plût à Dieu qu'il l'eût écouté ; nous n'aurions
peut-être pas à déplorer sa perte aujourd'hui ! Malheureusement pour la science, mais heureusement
pour l'exemple qu'il a donné à ceux qui voudront
l'imiter, Livingstone ne voulait pas abandonner
la partie, et la découverte des sources du Nil était
toujours pour lui « *la grande affaire.* »

Quoi de plus touchant que cette lettre de sa fille
Agnès lui écrivant : — « quel que soit mon désir
de vous revoir, j'aime mieux que vous réalisiez
vos plans de manière à vous satisfaire que de revenir pour m'être agréable. — Bien pensé et bien dit,
Nannie, ma mignonne, s'écrie Livingstone ; *elle
est un éclat du vieux bloc !* » En vérité, ces héros
ne sont pas seuls, ils sont une famille !

Arrêtons-nous donc un instant ici pour dire
quelques mots de ces fameuses sources du Nil
qui ont excité la curiosité de tant de navigateurs.

— « Enfin je m'approchai, en courant, de l'île
située au milieu des marais et tapissée de gazon.
Je la trouvai semblable à un autel (c'en est en
effet un, car les naturels y fond des sacrifices quo-
tidiens), et je fus dans le ravissement en contem-
plant la principale source qui jaillit du milieu de
cet autel. Certes, il est plus aisé d'imaginer que de
décrire ce que j'éprouvai alors. Je restais debout en
face de ces sources, où depuis trois mille ans le
génie et le courage des hommes les plus célèbres

avaient en vain tenté d'atteindre. Des rois ont voulu y parvenir à la tête de leurs armées; mais leurs expéditions ne se sont distinguées les unes des autres que par le plus ou le moins d'hommes qui y ont péri; et toutes se ressemblent par l'inutilité de ces pertes. La gloire et les richesses ont été promises pendant une longue suite de siècles à l'homme qui aurait le bonheur d'arriver où les armées ne pouvaient pénétrer, mais pas un seul n'avait encore réussi; pas un seul n'avait pu satisfaire la curiosité des souverains qui les employaient, remplir les vœux des géographes, et triompher d'une ignorance honteuse pour le genre humain. Mais quoique je ne sois qu'un particulier, je triomphais, dans mon imagination, et des rois et de leurs armées, et toutes mes réflexions m'enorgueillissaient de plus en plus; car, le premier des Européens, *j'avais vu les sources du Nil !* »

C'est ainsi que s'exprimait, avec un touchant enthousiasme, Jacques Bruce, le célèbre explorateur écossais, et cependant il était dans l'erreur, et cette erreur fut partagée par toute l'Europe pendant un demi-siècle, jusqu'en 1840.

En 1863, MM. Speke et Grant ont cherché les sources du Nil jusque dans le lac Nyanza, c'est-à-dire à 350 lieues de celle que Bruce croyait avoir découverte.

Speke croit que le Nil Victoria, débouchant du lac Victoria et tombant dans le lac Albert est la source du vrai Nil. Burton prétend qu'il existe deux lacs passant sous le même méridien ; le vrai Nil peut y passer et, de fait, le lac Tanguégnicka est immédiatement au sud du lac Albert. Il reviendrait donc à savoir si le lac Tanguégnika a un écoulement vers le nord et s'il tombe dans le lac Albert ; dans ce cas, les vraies sources du Nil seraient peut-être trouvées. Ce sont en effet les grandes espérances que faisaient naître les voyages de Livingstone en 1867 ; malheureusement, il ne devait pas, lui non plus, arriver à un résultat complètement satisfaisant, il devait mourir à la peine sans avoir résolu le problème tant cherché.

Remontons encore plus haut et nous verrons que cette question a excité de tous temps la curiosité des hommes de science. Ce fleuve a dû surtout sa célébrité à ses débordements périodiques, particularité qui n'est qu'à lui seul et dont on n'a jamais pu découvrir les causes.

Hérodote manifestait un grand désir de connaître la cause de ce phénomène inexplicable ; il avoue avoir questionné beaucoup de voyageurset de transfuges égyptiens, mais n'avoir pu recevoir d'eux aucun éclaircissement. Deux cents ans après Hérodote, Eratosthène, bibliothécaire d'Alexandrie, décrivit la partie supérieure du Nil, et attribua la cause de ses débordements annuels aux pluies périodiques qui tombent sur les grands plateaux d'où il descend. Lucain, dans sa *Pharsale*, fait dire à César : « Que ne puis-je connaître l'origine de ce fleuve qui soustrait sa tête à nos regards depuis tant de siècles ; il n'est rien que je misse à si haut prix. » Néron envoya deux centurions à la recherche de ces sources mystérieuses, lesquels parvinrent jusqu'aux immenses marais situés par 9° de latitude N. Au II° siècle de notre ère, Ptolémée affirme l'existence de deux grands lacs situés au sud de l'équateur : nous avons déjà vu qu'il ne s'était pas trompé.

Quand on pense que, depuis Néron jusqu'en 1839, personne ne put dépasser la ligne où s'étaient arrêtés les deux centurions! Aussi, devant ce monde inconnu, réputé infranchissable, même inaccessible, combien s'exaltait l'imagination et combien de légendes plus terribles les unes que les autres couraient sur cet étrange pays! Et il n'y a pas bien longtemps, on croyait encore à l'existence d'une tribu, celle des Nyam-Nyam, dont les membres étaient tous munis d'un appareil caudal, comme les singes.

Au XVI⁰ siècle, les Portugais arrivèrent aux sources du Nil Bleu par l'Abyssinie. En 1698, le docteur Poncet, appelé comme médecin par l'empereur d'Abyssinie, en profita pour explorer le pays et donner quelques renseignements qui se concordaient avec ceux donnés par les Portugais. En 1770, Jacques Bruce, comme nous l'avons vu plus haut, découvrit aussi les sources du Nil Bleu qu'il prit pour le vrai Nil. En 1819, Caillaud, de Nantes, reconnut que le Nil Bleu n'était qu'un affluent et que le vrai Nil devait prendre sa source dans les montagnes de la Lune. On reconnut en outre qu'au-dessus de Karthoum, vers le sud, il y a d'immenses marais formés par les inondations, pleins de végétations spongieuses et habités par de nombreux crocodiles; la surface est envahie par des nuées d'insectes avides de sang, et la fièvre et la peste déciment les voyageurs; Brun-Rollet y trouva la mort.

En 1856, le Ferrarais Bolognési découvrit un lac qu'il prit pour la haute mer et visita le pays des Dinkas et des Dours où il obtint une grande quantité d'ivoire. Guillaume Lejean alla jusqu'à Gondokoro, en 1851. C'est alors que l'on eut l'idée de prendre le Nil à rebours en partant de Zanzibar; c'est dans une expédition semblable que périt M. Maizan dont nous avons raconté la fin tragique.

On remarquait avec étonnement que les sauvages auxquels on demandait des renseignements avaient tous plus ou moins connaissance des grands lacs situés vers le sud; de plus, les missionnaires avaient découvert en 1849, presque sous la ligne, deux montagnes fort élevées (six mille mètres) couvertes de neiges éternelles.

7.

La société de géographie de Londres confia une mission dans ces parages aux capitaines Burton et Speke ; ils arrivèrent, eux aussi, à la région des monts de la Lune, s'enfoncèrent dans l'Ounyamouési et arrivèrent au lac Tanganyika. Speke ayant aperçu vers le nord la pointe d'un lac (le lac Nyanza), auquel il donna le nom de lac Victoria, repartit en 1860, avec le capitaine Grant, explora l'extrémité septentrionale du lac, mais ne put rien voir de la côte orientale. Il était persuadé néanmoins que c'étaient là les sources du vrai Nil et le proclama à Londres prématurément.

Baker fit la même route et arriva au lac N'zigé. La question est donc encore pendante aujourd'hui. Prétendre que les lacs Albert et Victoria sont les sources du Nil serait aussi exact que de dire que le lac de Genève est la source du Rhône, dit M. Louis Asseline. Ce qu'il y a de certain, ajouta-t-il, c'est que l'Albert-Nyanza, situé à 1500 pieds au-dessus du niveau général des pays environnants, est le grand réservoir du Nil.

» Cette question des sources du Nil, dit M. Vi-

vien de Saint-Martin, se complique de considérations dont on ne paraît pas se préoccuper suffisamment. Que l'on veuille déterminer, sur la carte ou
sur le terrain, la source d'un simple courant, d'une
rivière peu étendue, et cela ne souffre aucune difficulté, il n'y a là ni voile mystérieux, ni compli-
cations physiques.

« Mais il en est autrement lorsqu'on veut reconnaître l'origine de ces vastes artères fluviales qui
recueillent les eaux de la moitié d'un continent.
Peut-on dire avec certitude, parmi les torrent qui
descendent du flanc neigeux des Alpes des Grisons,
lequel est la vraie source du Rhin ? Est-ce le Mit-
tel, est-ce le Hinter, est-ce le Vorder-Rhein ? A
vrai dire, c'est seulement à Coire que le Rhin com-
mence réellement.

» Si le point initial d'un grand fleuve est un problème si compliqué et d'une solution si difficile,
même au cœur de l'Europe, que sera-ce donc au
fond des contrées barbares et à peine connues de
l'Afrique intérieure ?

» N'oublions pas ce qu'est le Nil dans la partie

extrême de son bassin, où se trouvent ses origines. Ce n'est plus, comme en Nubie et en Egypte, un canal unique contenu dans une vallée sans affluents; c'est un vaste réseau de branches convergentes venant de l'est, du sud et du sud-ouest, et toutes ensemble se déployant probablement en un immense éventail qui embrasse peut-être la moitié de la largeur de l'Afrique sous l'équateur. Quelle sera parmi ces branches supérieures, celle que l'on devra considérer comme la branche mère ! Là est la question. Il est de fait que l'opinion locale, et nous avons sur ce point des témoignages fort anciens, a toujours regardé notre fleuve blanc, Bahr-El-Abiad des Arabes, comme le corps principal du fleuve ; mais en admettant cette notion comme physiquement exacte, et nous la croyons telle, il reste encore à reconnaître de quelles branches supérieures se forme le Bahr-El-Abiad. Alors seulement on pourra poser utilement la question du *Caput Nili.*

» Dans mon humble opinion, il n'y a dans cette recherche qu'un *criterium* décisif, c'est la raison critique. Je m'explique : si incomplète que soit encore en ce moment notre connaissance des parties

intérieures de l'Afrique australe, et en particulier
de la zone qui s'étend presque d'une mer à l'autre
sur une longueur de plusieurs degrés, aux deux
côtés de l'équateur, les explorations récentes du
docteur Livingstone dans le sud, du docteur Barth
au nord-ouest, de MM. Burton et Speke dans la région des grands lacs, sans parler des reconnaissan-
ces mêmes du Bahr-El-Abiad et de quelques-uns de
ses tributaires, suffisent déjà pour mettre en évi-
dence ce fait très important que l'origine de tous
les grands fleuves de l'Afrique, le Zambéze, la Bi-
noué, le Chari, aussi bien que le Nil, converge vers
la zone équatoriale.

» Cette disposition est un trait caractéristique de
la configuration africaine. Les détails nous sont
encore inconnus ; mais nous pouvons rendre compte
de l'ensemble. La conséquence évidente, c'est que
cette zone centrale, d'où rayonnent tous les grands
cours d'eau qui vont aboutir aux trois mers envi-
ronnantes, est la partie la plus élevée du continent. Il doit y avoir là un système d'Alpes africaines, dont les pics neigeux du Kénéa et du Kilimand-
joro, au-dessus des plages du Zanguebar et les grou-

pes des montagnes élevées aperçues par le capitaine
Speke à l'ouest du Nyanza, nous donnent une première idée. Or, c'est une loi générale des pays
d'Alpes, qu'il s'y trouve un nœud, un massif culminant, d'où sortent les plus grands cours d'eau dans
toutes les directions. Une conséquence naturelle se
tire de ces considérations : c'est que s'il existe un
massif culminant au cœur de la zone équatoriale,
celle des branches dont se forme le fleuve Blanc
qui sortirait de ce massif, devrait être regardée,
à l'exclusion de toutes les autres, comme la vraie
tête du Nil. »

X

MORT DE LIVINGSTONE

« Il est certain, dit le docteur Livingstone, que quatre grandes sources jaillissent sur la ligne de faîte, à huit jours de marche au sud de Catanga. Elles deviennent bientôt de grande rivières. Deux de ces rivières vont au nord vers l'Egypte, les deux autres vont au sud dans l'Ethiopie intérieure.

» Les premières sont la Loufira ou Bartle-Frère, qui se jette dans le Camolondo, celui-ci se déchargeant dans la Loualaba, rivière de Webb, qui est la principale ligne du drainage. L'autre Loualaba, celle d'Young, traverse le Tchibongo (lac de Lincoln) et, avec la Lomamé, va rejoindre la rivière de Wibb.

» Au sud, la fontaine Liamonbaï, celle de Palmerston, est la source du haut Zambése; et la Lounga, fontaine d'Oswell, est la tête du Kafoué, toutes deux s'écoulant dans l'Ethiopie intérieure.

» Il est possible que là ne soient pas les quatre fontaines dont le trésorier de Minerve a parlé à Hérodote dans la ville de Saïs; mais il n'en serait pas moins utile de les découvrir, en tant qu'elles sont placées dans les cent derniers des onze cents kilomètres de la ligne de faîte, d'où proviennent la plupart des sources du Nil.

» Je me propose donc, en quittant le Gnagembé, de me rendre au Fipa, de tourner ensuite l'extrémité méridionale du Tanganyika, de passer le Chambèze, de longer la rive méridionale du Bangouéolo, et de prendre droit au couchant, pour gagner les fontaines indiquées. »

» En suivant cette route, s'il y a d'autres sour-

Entrevue de Livingstone et de Stanley.

ces du Nil plus méridionales, j'en acquerrai la certitude, car elles ne pourront exister sans que je les rencontre. »

Voilà donc les derniers projets de Livingstone, et ce sont ces derniers efforts dans la découverte de l'inconnu, que nous allons retracer rapidement.

M. Stanley lui avait fait de riches présents, et le docteur se trouvait de nouveau largement approvisionné. Il avait confié au reporter son journal, scellé de cinq cachets avec défense expresse de l'ouvrir.

Ainsi, au Gnagnembé, le docteur rend visite à plusieurs chefs arabes, demandant à tous des renseignements, mais craignant encore de se tromper et de suivre le Congo. Malgré cependant cette perpétuelle préoccupation, rien ne lui échappe, et il pense surtout à cette fameuse station de missionnaires, qu'il s'était flatté de trouver dès le commencement de son voyage, et qu'il n'avait pu découvrir nulle part. Le Caragoué, par exemple, lui paraît une région des mieux situées pour l'établis-

sement d'une mission. On y cultive le café et le
sucre de canne; le riz et le froment abondent;
on a à profusion les grenades, les goyaves, les ci-
trons, les oranges; on trouve de la vigne, et le pa-
payer croît partout. Ajoutez à cela les oignons, les
radis, les courges et les pastèques, une tempéra-
ture entre seize degrés et vingt-quatre en hiver, et
de vingt-sept à vingt-huit en été, il est certain que
cet endroit serait excellent pour établir une colonie qui trouverait aisément le moyen de se suffire à
elle-même.

Le 3 juillet, le docteur Livingstone apprend la
mort d'un ami, sir Roderick Murchison, et il fait
cette singulière réflexion : « C'est la première fois
de ma vie que je me sens disposé à me plaindre! »
Dans l'amertume de la douleur, le docteur ne fait
pas attention qu'il ne trouve cette perte aussi douloureuse, que parce que le temps a déjà cicatrisé
les blessures que la mort lui a faites : il y avait
dix ans que madame Livingstone était morte à
Choupanga.

A l'embouchure de la Loangoua de Zoambo, les

voyageurs rencontrèrent des chasseurs d'hippopotames, appelés Combouès. Ce sont des types extrê-
mement curieux, des hommes forts, admirablement découplés et doués d'une grande force mus-
culaire ; ils sont d'une bravoure et d'un sang-froid
extraordinaires, dans cette chasse très dangereuse
qui exigent ces qualités au plus haut degré. Voici
au surplus comment ils procèdent.

Ils sont deux par canot ; ces embarcations ressemblent assez à ceux que nous voyons sur la Seine,
les jours de régates. Ils rament avec une très
grande circonspection, effleurant à peine l'eau de
leurs pagaies, et ne se parlant que par signes :
ils se dirigent vers un hippopotame endormi. Celui
qui est à l'avant du canot, dès qu'on approche de
l'animal, laisse sa pagaie, se lève et sans imprimer
aucune oscillation au bateau, ce qui serait fatal en
le faisant chavirer, lance son harpon sur l'énorme
bête dans la région du cœur. En même temps,
l'autre fait reculer la barque. Si l'animal n'est pas
blessé profondément, il reparaît à la surface de
l'eau, ouvrant une gueule formidable ; alors le chasseur lui lance son second harpon. Il arrive alors

souvent que l'hippopotame rejoint le bateau, et le broie entre ses mâchoires comme nous ferions d'une noix. Mais les hardis chasseurs ont vu le coup ; ils se sont jetés à l'eau et gagnent la rive ; d'autres chasseurs harcèlent la bête qui finit par succomber.

Ces gens sont **chasseurs** de père en fils, et ce sont les seuls de ce genre que Livingstone ait rencontrés dans tous ses voyages en Afrique.

Forcé d'attendre à Couihara les gens de Bagamoyo, que lui avaient annoncés Stanley et le consul américain, le docteur, caressant toujours son idée favorite, donne des renseignements précieux sur la manière dont on pourrait établir une station dans ces parages. Je les reproduis ici, parce qu'il est bon de faire tout son possible pour qu'une idée civilisatrice fasse son chemin, et nous croirions manquer au but que nous nous sommes assigné en écrivant ce livre, à savoir la diffusion des connaissances ethnologiques dans toutes les classes, si nous ne répétions ici, avec Livingstone, que le centre de l'Afrique est une terre hospitalière où les relations avec les indigènes sont plus faciles qu'on ne le croit, et où l'on arriverait du même coup à réaliser trois *desiderata* qui seraient forcément la conséquence les uns des autres : la suppression de la traite, une connaissance approfondie de ces contrées inexplorées, et la civilisation de ces peuplades barbares qui sont éminemment intelligentes, et très accessibles aux idées européennes.

Si l'on établissait une mission dans ces parages, il serait bon de ne pas froisser le fanatisme musulman. Ces gens ont une connaissance très restreinte de leur religion ; ils ne sauraient lire le Coran ; Livingstone n'a rencontré qu'un seul des chefs indigènes qui eût envoyé ses enfants à Zanzibar afin qu'un jour ils sachent lire et écrire. Il ne faudrait donc pas songer, pour le moment du moins, à introduire le christianisme dans le centre de l'Afrique ; quelques mots adroitement dits sur Mahomet au sujet de sa croyance à un Dieu unique, suffisent à contenter les mahométans de ces pays.

Le docteur insiste sur la nécessité de n'employer aux travaux que les naturels des environs. « Ceux qui viennent de loin, dit-il, se croient eux-mêmes missionnaires et en abusent. Il est toujours préférable de former de bons serviteurs sur place. »

Ce fut le 15 août seulement, que le docteur reçut les gens de Stanley.

« La nouvelle bande de Livingstone, dit M. Waller, se composait alors de Souzi, de Chouma et d'Amoda, qui étaient avec lui depuis 1861; de Mabrouki et de Gardner, deux Nassickais, loués en 1865; et des cinquante-sept hommes envoyés par M. Stanley, dont quelques élèves de Nassick, parmi lesquels se trouvait Jacob Wainwright, qui, sachant lire et écrire, a joué un rôle important après la mort de Livingstone.

Ce voyage, entrepris le 25 août 1872, est le dernier de notre hardi explorateur; le lecteur ne sera donc pas étonné de nous voir le suivre pas à pas dans cette dernière étape si douloureuse, où toutes les vertus du chrétien, la patience, la douceur et la résignation brillent d'un si pur éclat. Pourtant, dès l'entrée en campagne, on avait rencontré une grosse

vipère *inflata* ; quatre-vingt-onze centimètres environ, et la grosseur du bras ; les indigènes disaient
que c'était un très bon présage, et ce voyage devait
être le plus désastreux qu'il ait fait.

Le 19 septembre, le docteur tombe malade ; il
mange peu ou point ; la chaleur est insupportable,
et tout le monde en est incommodé. Livingstone
particulièrement perd toute son énergie ; néanmoins il continue sa route et arrive, le 11 octobre,
au district de Coléma. De temps en temps, on
aperçoit de loin les rives du Tanganyika, mais
bientôt elles se trouvent cachées par des collines.
Toute cette région est ravagée par la guerre que se
font les peuplades voisines, et aussi les traitants ;
la culture est interrompue dans la crainte d'une
invasion ; il est donc difficile de se procurer le
nécessaire. Les chemins sont très accidentés ; ce ne
sont que collines et montagnes et terrains détrem-
pés.

A Kitanda, les voyageurs sont bien reçus par le
chef, et en profitent pour se reposer de leurs fatigues et pour se préparer en même temps à la pro-

chaine étape qui promet d'être pleine de difficultés. Il est impossible, en effet, d'arriver au lac par les sentiers qui seraient impraticables pour les bagages; il faudra donc suivre la cime des monts!

Les voyageurs appelaient la pluie de tous leurs vœux; la terre était brûlante; un âne venait d'être piqué de la tsetsé, ce terrible insecte de l'Afrique centrale auquel les bestiaux ne résistent pas. Livingstone avait toujours cru que l'âne ne craignait pas ses morsures et que, par suite, il devenait un précieux quadrupède pour les explorations africaines; mais à Couihora il dut reconnaître son erreur puisqu'il y perdit son âne avec tous les symptômes que produit le venin de la tsetsé.

Cette pluie, que l'on demandait depuis si longtemps, devait enfin arriver, mais en telle quantité qu'elle devait être une des causes les plus puissantes des désastres qui suivirent. L'Africain n'aime pas la pluie; il perd toute sa force, il est abattu et sans courage pendant les plus gros orages. Or, à partir du 8 décembre, ce ne furent que des pluies torrentielles. Il fallait aussi se mettre en garde contre la malice des chefs qui ne se gênaient pas pour donner de fausses indications et faire prendre une route trois ou quatre fois plus longue. La marche était fort pénible par des chemins couverts d'herbes, à travers des marais pleins de sangsues, très profonds à cause des pluies. « Le voyage, dit-il, n'était qu'une série de plongeons, avec de l'eau jusqu'au-dessus des hanches. »

Les indigènes montraient le plus mauvais vouloir ; ils avaient une peur affreuse des armes à feu. Il était impossible de s'orienter ; rien que de l'eau, et le docteur en est réduit à se faire porter.

« Et cela est bien difficile, dit-il, à travers ces nappes d'eau remplies d'herbes. L'une d'elles avait plus de six cents mètres de large. Ce matin, dans la première section, l'eau montait jusqu'à la bouche de Souzi ; j'avais les jambes et le siège mouillés. Des hommes marchaient devant nous pour couper les herbes, afin d'assurer la passe au bord d'une piste d'éléphants. Quand l'un ou l'autre tombait dans un des trous de cette piste, il fallait se mettre deux pour le retirer. Les armes étaient portées derrière nous, à bras tendu. Tous les dix ou douze pas, nous rencontrions une eau vive qui fuyait dans son propre canal, tandis que sur le tout, un large courant passait à travers les herbes. Mes gens me prennent tour à tour : Souzi d'abord, ensuite Farid-jala, puis un homme robuste et de grande taille, qui ressemble à un Arabe; puis Amoda, Tchanda et Ouadé-Sélé. A chaque relai, on m'enlève et l'on me replace sur d'autres épaules secourables. Au bout d'une cinquantaine de mètres, ils sont hors d'haleine; rien d'étonnant. Ce passage a été rude pour les femmes de notre bande. Tous se sont entr'aidés. Il nous a fallu une heure et demie pour sortir de là. L'eau était froide, ainsi que le vent ; mais il n'y avait pas de sangsues. »

Obligé de rebrousser chemin, puis de prendre une autre route, le docteur perdait ses forces et était miné par la fièvre. Aux environs du Bangouéolo, le chef Matipa montre tant de mauvaise volonté que Livingstone est obligé d'employer la force pour en obtenir des pirogues afin d'aller établir un camp sur la rive gauche de la Chambèze. Enfin, on réussit à s'avancer encore un peu vers le sud; les pluies étaient toujours abondantes et l'on ne manquait guère de vivres, car on avait du poisson en quantité et l'on recevait du manioc à profusion dans tous les villages que l'on rencontrait.

Le docteur avait de fréquentes hémorragies et s'affaiblissait à vue d'œil. On se trouvait alors au sud de Bangouéolo, chez le chef Caloungandjovou. Livingstone, depuis quelques jours déjà, n'avait même pas la force de rédiger un journal détaillé; quelques noms de rivières, parfois la date seule du jour et c'est tout ce qu'il a pu nous laisser de ces tristes journées.

« Les derniers kilomètres (1) que devait faire le grand voyageur s'accomplirent d'abord à travers des marais, puis en terrain sec : marche si douloureuse pour lui que Chouma, l'un de ses porteurs, dit qu'à chaque instant il le suppliait de s'arrêter. Si grande était sa faiblesse, qu'il n'essaya pas même de se mettre sur son séant, et qu'à un endroit où on fut obligé de le lever, à cause d'un arbre qui

______

(1) M. Belin de Launay.

barrait le chemin, il tomba dans un assoupissement dont ses gens furent très fort alarmés. On le recoucha ; il revint à lui ; mais il était si faible qu'il pouvait à peine parler.

» A quelque distance de là, il fut pris d'une grande soif et demanda s'il y avait de l'eau ; on n'en trouva pas une goutte. Pour ne pas être trop séparés des autres, ses porteurs pressaient le pas, quand, à leur grande joie, ils virent arriver Faridjala portant de l'eau que Souzi, toujours attentionné, envoyait du village.

» Ils continuèrent leur route, croyant que cette étape ne finirait jamais. En arrivant dans une éclaircie, le docteur les pria de le déposer à terre et de l'y laisser ; ils essayèrent de l'encourager en lui disant qu'on voyait les huttes du village, et qu'il serait bientôt dans la maison qu'on bâtissait pour lui. Ils avancèrent un peu ; mais ils durent s'arrêter dans un jardin situé hors de l'enceinte, où le malade resta pendant une heure.

» Enfin ils gagnèrent le bourg ; la case n'était

pas achevée ; ils durent poser leur maître sous la projection d'un toit formant véranda pendant qu'on se hâtait de terminer sa maison, car une pluie fine tombait par instants. Ensuite, le lit fut posé sur un échafaudage qui le préserva du contact du sol, et placé en travers du fond arrondi de la case. Dans la fenêtre, dont il ferma l'ouverture, on plaça les ballots et les caisses, l'une de celles-ci faisant l'office de table. On fit du feu devant la porte ; et Madjouaïa, l'un des Nassickais, resta dans la chambre, où il coucha pour servir le maître pendant la nuit.

» Le 3 avril, Livingstone demanda son chronomètre et expliqua à Souzi comment il fallait le tenir, de manière qu'il l'eût dans la paume de la main, tandis qu'il trournerait lentement la clef.

» Les heures s'écoulèrent. A la nuit tombante, ceux des hommes qui devaient faire la veillée allèrent s'asseoir autour des feux ; les autres se retirèrent en silence et regagnèrent leurs huttes avec la conviction que la fin était prochaine.

» Vers onze heures, Souzi, dont la case touchait

à celle du malade, fut appelé. De grands cris retentissaient dans le lointain. « Est-ce que ce sont nos hommes qui font tout ce bruit? demanda Livingstone. — Non, dit le serviteur; ce sont les villageois qui chassent les buffles de leurs champs de Sorgho. »

» Peu de minutes après, Livingstone dit d'une voix lente, comme un homme en délire : « Cette rivière, est-ce la Louapoula? » Souzi lui répondit qu'ils étaient dans le village de Tchitambo et que la rivière voisine était la Molilamo. Il garda le silence pendant quelque temps, puis s'adressant encore à Souzi, mais cette fois dans le langage de la côte, il lui demanda : « A combien sommes-nous de la Louapoula? — Je pense que nous en sommes à trois jours, maître, » répliqua Souzi.

» Et une minute après, comme sous l'influence d'une douleur excessive, le docteur fit entendre cette plainte : « Oh! Dear! Dear! » à demi soupirée, à demi parlée; puis il retomba dans l'assoupissement.

» Au bout d'une heure, Souzi fut rappelé. Livingstone le pria de faire chauffer de l'eau ; quand elle fut chaude, il demanda sa boîte à médicaments, où il choisit du calomel avec beaucoup de difficultés, car il semblait ne plus voir assez pour lire les étiquettes. Il fit poser le calomel auprès de lui, verser un peu d'eau dans une tasse, mettre une tasse vide à côté de l'autre, et murmura d'une voix faible : « C'est bien ; maintenant vous pouvez vous en aller. » Ce sont les dernières paroles qu'on lui ait entendu dire.

» Il pouvait être quatre heures du matin, lorsque Madjouaïa vint de nouveau trouver Souzi : « Viens voir maître, dit-il, j'ai peur ; je ne sais pas s'il est vivant. »

» Souzi réveilla Chouma, Choupiré, Magnasir et Mathieu, et les six entrèrent dans la chambre. Le lit était vide. Agenouillé au bord de sa couche, Livingstone paraissait être en prières ; et, par un mouvement instinctif, chacun d'eux recula. « Quand je me suis réveillé, dit Madjouaïa, il était comme à présent et, puisqu'il ne se remue pas, j'ai peur qu'il ne soit mort. » On demanda au Nassickais s'il avait dormi longtemps ; il répondit qu'il ne savait pas, mais probablement le temps avait été assez long.

» Les hommes se rapprochèrent. Une bougie collée sur la table par sa propre cire jetait une clarté suffisante pour y bien voir. A genoux, et penché en avant, Livingstone avait la tête dans ses mains, qui étaient croisées sur l'oreiller. Ils le regardèrent pendant quelques instants et ne virent aucun signe de respiration. Mathieu lui posa doucement le doigt sur la joue ; elle était froide. Livingstone était mort.

» Ils le replacèrent religieusement sur son lit ; et, après l'avoir étendu et recouvert avec soin, ils sortirent pour se consulter. Presque aussitôt, les coqs chantèrent ; et comme il était près de minuit lorsqu'il avait parlé pour la dernière fois, nous pouvons dire avec une assez grande certitude, qu'il expira le 1er mai, un peu avant l'aube. »

Les serviteurs de Livingstone ne se dissimulèrent pas un seul instant la gravité de leur situation ;

leur premier mouvement fut de cacher au chef la
mort du docteur et d'aviser ensuite au moyen d'em
porter son corps à la côte. Heureusement que, dans
la nouvelle escorte qu'il devait à M. Stanley, Livingstone comptait non seulement des gens d'une
fidélité et d'un zèle éprouvés, mais encore assez
intelligents pour prendre la décision que les évènements comportaient. L'un d'eux savait lire et écrire
et a été d'une grande utilité en ces pénibles circons-
tances.

On demanda donc la permission à Tchitambode
de s'installer en dehors des cases, afin de pouvoir
cacher le cadavre aux regards des indigènes. Mais,
le lendemain, le secret était déjà dévoilé et Tchitambo vint reprocher à Souzi sa méfiance. « Je sais,
dit-il, que vous n'avez aucune mauvaise intention,
et je vous offre même de rendre à l'Anglais les hon-
neurs funèbre, usités dans le pays.

Cette offre fut naturellement acceptée. Le troisième jour les naturels vinrent à la case de Livingstone, vêtus d'une pièce de calicot blanc; le chef
portait en outre une sorte de manteau d'étoffe rouge

sur les épaules. Les femmes poussèrent des lamentations terribles accompagnées du son des tambourins et des volées de mousqueterie des gens du défunt.

Il fallait songer maintenant à préparer le corps pour parvenir à le transporter jusqu'à Zanzibar; on l'ouvrit; à la place des intestins on mit une quantité de sel; le cœur et le foie furent enterrés au pied d'un arbre, et le cadavre ainsi *embaumé* fut placé au centre d'une case circulaire ouverte par en haut afin qu'il fût bien exposé à l'air et au soleil. Cette préparation, d'ailleurs n'offrait guère de difficulté, car le corps du pauvre explorateur, épuisé par les souffrances, les fatigues et les privations de toutes sortes, n'offrait plus que l'apparence d'un squelette. Au bout de quelques jours, il se trouva suffisamment sec; on le ficela, on l'introduisit dans un cylindre fait de l'écorce d'un arbre; on enveloppa ce cylindre d'un morceau de toile à voile, et on fixa au ballot une forte perche afin qu'il pût être porté par deux hommes.

Tchitambo promit de veiller sur le lieu où le

cœur du voyageur avait été enterré et d'empêcher le gazon d'y pousser. Il ne dissimula pas néanmoins aux gens de Livingstone qu'il pourrait bien ne pas s'acquitter longtemps de ce devoir, prévoyant qu'il serait peut-être forcé de fuir devant les Mazitous.

XI

RETOUR A LONDRES

Quelles difficultés avait à vaincre la petite caravane pour revenir à Zanzibar! les chemins ne lui
étaient pas bien connus, et, de plus, il fallait à tout
prix que les peuplades qu'ils devaient traverser
ignorassent que l'on transportait un mort. Ces
sauvages ont très peur des cadavres; ils se figurent
qu'ils se vengent sur les vivants, et cela par des
moyens terribles. Or chacun sait, étant admis la
légende, et une foi sincère dans cette légende, que
le plus brave en face d'un vivant perd tout courage

vis-à-vis d'un cadavre que son imagination voit
armé d'une puissance surnaturelle.

Une épidémie sérieuse se déclara tout d'abord
parmi les hardis serviteurs de Livingstone; il y
avait déjà vingt jours qu'ils avaient quitté Tchitambo, que la moitié des voyageurs étaient hors
d'état de continuer leur route, et l'on n'était pas
encore arrivé à la Louapoula. Cette rivière, qui
sert de déversoir au Bangouéolo, et dont la vue
aurait causé une si grande joie à celui qui la traversait alors sans en avoir conscience, est fort
large et il faut bien deux heures pour la franchir.
On l'aperçut bientôt vers le vingt-deuxième jour, et
on la traversa.

C'est en deçà de cette rivière que le pauvre âne
de Livingstone fut tué par un lion, pendant la
nuit.

Je ne voudrais pas, après ce long récit, m'appe-
santir trop longtemps sur les péripéties du retour
de cette caravane funèbre; mais je ne puis m'empêcher de rapporter ici une bien curieuse décision

d'un chef au sujet d'un naturel blessé par un homme de la caravane. Ce chef avait fait cadeau aux voyageurs d'une vache; mais ces animaux sont tellement sauvages qu'il fallait la chasser et l'abattre. Un des chasseurs atteignit un indigène à la cuisse. En cette occurrence, voici le jugement que rendit le chef :

» Vous me devez une indemnité, destinée au père du blessé, parce que vous êtes mon hôte et que je deviens responsable de votre erreur; mais comme aussi j'avais recommandé à mes gens de se tenir à l'écart de l'endroit où l'on devait chasser la vache, il n'a été atteint que parce qu'il avait négligé de m'obéir. Les choses en resteront donc là. »

Les peuples civilisés offrent-ils beaucoup d'exemples d'une pareille justice dans les débats privés? Ces hommes sont capables des meilleurs sentiments; ils sont travailleurs, durs à la fatigue, capables de fidélité et de dévouement, et ils sont singulièrement aptes à comprendre l'avantage des communications d'une peuplade à l'autre au point de vue commercial. C'est grand dommage que l'on ne soit pas arrivé encore à coloniser d'une façon stable ces pays, par l'installation de postes géogra_ phiques : on rendrait facilement les indigènes moins craintifs et partant plus sociables, et on supprimerait rapidement les déprédations des traitants.

Une escarmouche que la caravane dut engager dans le village de Tchabouindé, signala seule le trajet de la petite troupe jusqu'à Casékéra où on rencontra le lieutenant Cameron. Les voyageurs espéraient y trouver le fils de Livingstone dont on leur avait annoncé l'arrivée, mais la nouvelle était fausse. On ne saurait trop louer la fermeté dont les serviteurs de Livingstone firent preuve dans l'accomplissement de ce qu'ils considéraient comme un devoir. Le lieutenant les engageait à enterrer les restes du docteur à Couihara ; mais ils persistèrent dans leur première résolution, tout en comprenant d'avance que la répugnance des habitants à recevoir un cadavre, leur créerait des embarras sans cesse renaissants. Nous rendons ici d'autant plus énergiquement justice au courage et à l'abnégation de ces braves gens, que l'on paraît ne pas les avoir récompensés selon leurs mérites lorsqu'en reçut d'eux les restes du docteur Livingstone et, ce qui est bien plus précieux encore, ses derniers écrits ! Ils avaient fait semblant de renvoyer le corps du docteur à Couihara, afin de continuer leur route plus commodément sans être en butte à la malveillance des indigènes, et, parvenus à Bagamoyo, le consul britannique reçut le cadavre sans inviter ces vieux serviteurs à l'accompagner plus loin.

Au mois de février 1874, la dépouille de Livingstone atteignit Zanzibar, arriva en Angleterre le 16 avril et fut inhumée à Westminster-Abbey le 18 avril 1874. On grava sur la pierre du tombeau ces mots qu'il avait écrits juste un an avant sa mort, chez les Mouéziens, et qui expriment le vœu de toute la vie du hardi voyageur :

« Tout ce que je peux ajouter dans mon isolement est ce vœu sincère : Puissent les bienfaits descendre sur quiconque, Américain, Anglais ou Turc, aidera à guérir cette plaie saignante de l'humanité (le commerce d'esclaves). »

Ne serait-ce pas là aussi la dernière prière de

cet homme de bien, alors que, près de rendre le
dernier soupir, il trouva encore la force de descendre de son lit pour se mettre à genoux et mourir
en demandant une dernière fois au Maître de toutes
choses la réalisation de ce qui avait été le but de
toute sa vie?

FIN

TABLE DES MATIERES

DAVID LIVINGSTONE

TABLE DES MATIÈRES

FIN DE LA TABLE DES MATIÈRES.

Limoges. — Imp. Marc Barbou et Cie.